新版

知っておきたい

壁面緑化の Q&A

財団法人
都市緑化機構 特殊緑化共同研究会
編著

鹿島出版会

新版にあたって

　初版の出版から6年経った今も、壁面緑化に関する問い合わせが続いている。クライアントからは、どのような効果があるのか、維持管理は面倒ではないかという質問が多く、プランナーや施工者からは、壁面緑化をしたことによる法令上の優遇措置や自治体からの助成の条件、どんな緑化手法があるのか、施工上の留意点などであり専門的な内容のものが多い。こうした問いに対する答えは、緑化資材など新しいものが商品化されている分野ではメーカーに聞くのもよい。制度などについては、最近は充実している自治体のウェブサイトを参照するのも有効である。

　しかし、それ以外の壁面緑化の設計、施工、管理などについての基本的な情報は変わっていない。大事な部分は常に重要であり、考え方も方法論も変わらない。したがって本書のQ&Aの内容が生きている。現在、壁面緑化は拡大しつつあり、屋根と壁の境がなくなって連続した建築物表層を緑化するものや、窓のスクリーンとなる植物簾とでもいうべき緑のカーテンが、一般家庭や学校などで手軽で安価なパッシブクーリングとなる日射遮蔽装置として注目されている。これに適する植物は数が多く、未開拓のものも多い。期待できる分野である。

　本書の内容をまとめた研究会の母体も、都市緑化機構と名称が変更になり、緑化に関するハードとソフトの両方の事業を推進する組織へと発展した。本書では答えのわからない最新の問題については、本機構のウェブサイトをご覧いただくか直接事務局に訊ねてほしい。壁面緑化のあらたな可能性を知っていただけるに違いない。

　2012年5月

　　　　　　　　　　　　　　　　　　　　　　　　　　　財団法人 都市緑化機構 理事長
　　　　　　　　　　　　　　　　　　　　　　　　　　　　　　　輿水 肇

はじめに

　1990年、欧米以外の地である大阪で、初めて開催された国際園芸博覧会「国際花と緑の博覧会」。2,000万人を超える入場者を迎え、大成功裏に終了した。

　花と緑をテーマにした国際イベントの成功を契機として、わが国の都市整備はどういった方向に向かうのだろうか。バブル景気もピークを過ぎ、バブル期の都市整備への反省も、ぽつぽつ語り出された時期である。そのようななか、花と緑の博覧会で提案され、試みられた緑化技術を、イベント時だけの技術とすることなく、新しい時代の都市づくり、さらには国土づくりに展開できるよう、さらなる技術研究を進めるべく(財)都市緑化技術開発機構は発足した。

　都市域では開発が進み、本来、開発に見合って計画的に確保されるべき緑地や、それに代わって整備されるべき都市公園の整備も進まず、都市は緑欠乏症の状況にあった。

　一方、1992年にブラジルで開催された「環境と開発に関する国連会議」(地球サミット)では、人類が持続ある成長を続けるため、地球環境レベルでの環境を意識するとともに、その中心としての役割が緑に期待できるという国際的共通認識が成立した。わが国においても、早速、人と自然にやさしい環境共生都市(エコシティ)こそ、新しい時代の目指すべき都市像であるとの政策が立案された。

　しかしながら、高密な開発が進んだ都市において、新たに大規模なオープンスペースを求めることは、夢のまた夢である。では、どこに着目するのか。都市内には、コンクリート・アスファルトから成る人工的に創出された空間がたっぷりある。だが、それらの空間は、植物の生育に必要な3要素、すなわち生育基盤となる土、生きるための活動に最低限必要な陽光と水が欠けていたり、なかったりする空間である。これらの空間を緑化できれば、都市は、緑に包まれたうるおいのあるものとなり得る。これが1991年の(財)都市緑化技術開発機構 特殊緑化共同研究会のスタートにつながった。

　当初は、街角を飾るフラワーポール(花柱)やプランター、植栽コンテナの規格の検討から着手した。都市緑化技術としては、当時、まだピークを迎えてはいなかったが、バブル景気を背景として、巨大なアトリウムを有する建築物が多く出現し、そのアトリウムの緑化技術(屋内緑化技術)が求められた。

　その後、ヒートアイランド現象、自然とのふれあい機会の減少などの都市問題を背景として、都市内に広大な面積を有する、建築物の屋上が緑化対象空間として注目されることとなった。

　1990年、都市計画中央審議会答申は、市街地内に創出された屋上などの人工的空間を、緑にとってのニューフロンティア空間として位置づけ、積極的な緑化を進めるための技術開発を後押しした。

　近年、都市内に存するコンクリート面、アスファルト面を蓄熱装置化させないことが、ヒートアイランド対策に有効であることがデータで証明されてきている。このような状況のなかで、屋上空間より面積的に広く存在する空間として壁面に注目が集まりつつある。壁面は建築物の壁面から、土木構造物の壁面まで、その対象は多様である。

　2005年に開催された愛知万博「愛・地球博」の会場には、都市の環境圧低減に効果が期待さ

れる自立型の緑化壁「バイオラング」が出展され、各種壁面緑化技術が提案されたところである。

　このたび、(財)都市緑化技術開発機構 特殊緑化共同研究会は、壁面を緑化するための研究成果を『知っておきたい 壁面緑化のQ&A』として取りまとめた。これを契機として、多様な壁面の緑化のあり方が検討され、さらには先進的なプロジェクトとしてのチャレンジがなされ、それに対応する緑化技術の登場が期待されるところである。

　人と環境にやさしい都市づくりに、主要な役割を果たす緑——。都市内に存する公園・緑地に、人工的空間に創出された緑が加わることによって、都市に系統立った緑のネットワークを構築する。それが、環境共生都市(エコシティ)実現の第一歩となることと確信する。

2006年12月(初版刊行時)

財団法人 都市緑化技術開発機構 専務理事(当時)
五十嵐 誠

[新版]知っておきたい 壁面緑化のQ&A　もくじ

新版にあたって　2
はじめに　3

1章　壁面緑化の効果・効用

Q.00	壁面緑化とは何か。	18
Q.01	壁面緑化することの意義とは何か。	20
Q.02	壁面緑化にはどのような効果があるのか。	22
Q.03	ヒートアイランド現象に効果はあるのか。	24
Q.04	建物断熱に効果はあるのか。	26
Q.05	輻射熱の軽減効果はあるのか。	28
Q.06	大気浄化や騒音低減の効果はあるのか。	30
Q.07	都市の修景効果を期待できるか。	32
Q.08	愛知万博「バイオラング」において壁面緑化の効果は検証されたか。	34

2章　壁面緑化の計画

Q.09	計画にはどういった点に留意したらよいのか。	38
Q.10	壁面や躯体を傷めたり、悪影響を与えたりしないのか。	40
Q.11	火災延焼の問題はないのか。	42
Q.12	既存壁面の緑化では新築壁面と比べ、どういった点に留意したらよいか。	44
Q.13	壁面緑化は屋上緑化の義務付け制度の対象緑地として認められるのか。	46
Q.14	壁面緑化の優遇措置はあるのか。	48
Q.15	壁面緑化を推進していくにはどのようにしたらよいか。	50

3章　壁面緑化の設計

Q.16	壁面緑化手法にはどのような種類と特徴があるのか。	54
Q.17	登攀型壁面緑化手法とは。	56

Q.18	下垂型壁面緑化手法とは。	58
Q.19	基盤造成型壁面緑化手法とは。	60
Q.20	エスパリエ緑化手法とは。	62
Q.21	構造物の種類によって、壁面緑化手法は変わるのか。	64
Q.22	個人邸やバルコニーなど、小規模な場所に向く壁面緑化手法は。	66
Q.23	立体駐車場の壁面にも緑化はできるのか。	68
Q.24	壁面緑化と屋上緑化は同時にできるのか。	70
Q.25	仮囲い緑化とは。またその事例を教えて。	72
Q.26	つる植物（主に一年生）を使った「緑のカーテン」の有効な活用方法は。	74
Q.27	実証実験のために設置された壁面緑化について教えて。	76
Q.28	壁面緑化に最適な植栽基盤とは。	78
Q.29	コンテナ基盤で壁面緑化を行う場合の留意点とは。	80
Q.30	植栽基盤に用いる土壌はどのようなものがあるか。	82
Q.31	壁面緑化用の植物にはどのようなものがあるか。	84
Q.32	壁面の仕上げ材、補助資材などと植物の相性はあるのか。	86
Q.33	気候の違いなど、地域によって使用する植物は異なるのか。	88
Q.34	どんなつる植物が登攀型壁面緑化に適しているのか。	90
Q.35	補助資材を利用する目的とは。また風荷重をどのように考えるのか。	92
Q.36	基盤造成型壁面緑化の風に対する安全性は。	94
Q.37	補助資材にはどのような種類があるのか。	96
Q.38	ワイヤメッシュ補助資材を使用する場合の留意点とは。	98
Q.39	金網・ヤシ繊維マット併用補助資材を使用する場合の留意点とは。	100
Q.40	壁面緑化に散水設備は必要なのか。	102
Q.41	壁面緑化はどのくらいの高さまで可能なのか。	104
Q.42	壁面緑化は、どのくらいの期間でできるのか。	106
Q.43	壁面の方位は、壁面緑化に影響を及ぼすのか。	108
Q.44	目隠しのために自立型などの壁面緑化を行う場合の留意点とは。	110
Q.45	壁面緑化のコストはどのくらいかかるか。ローコスト・ローメンテナンスな壁面緑化の方法とは。	112

4章　壁面緑化の施工

Q.46	壁面緑化を施工するときの留意点とは。	116
Q.47	ワイヤメッシュ補助資材を用いる方法とは。	118
Q.48	金網・ヤシ繊維マット併用補助資材を用いる方法とは。	120
Q.49	基盤造成型の施工方法とは。	122
Q.50	エスパリエの施工方法とは。	124

5章　壁面緑化の維持管理

Q.51	壁面緑化の維持管理方法とは。	128
Q.52	水遣り管理はどのように行えばよいか。	130
Q.53	壁面緑化用植物の維持管理方法とは。	132
Q.54	肥料にはどのような種類があるのか。施肥の方法とは。	134
Q.55	発生しやすい病中害とその対策とは。	136

6章　さまざまな壁面緑化事例

Q.56	先駆的、かつ意匠性の高い事例を教えて。	140
Q.57	古くからあり、模範となる事例を教えて。	142
Q.58	建物壁面がすっぽりと覆われた事例を教えて。	144
Q.59	ゲートなどのエントランス部を飾る事例を教えて。	146
Q.60	高層空間での事例を教えて。	148
Q.61	都心部にある大型土木構造物での模範的な事例を教えて。	150
Q.62	よく見かける擁陰・遮音陰・護岸など土木構造物の事例を教えて。	152
Q.63	水道水を使用せずに雨が当らない場所を緑化した土木構造物での事例を教えて。	154
Q.64	立体駐車場での事例を教えて。	156
Q.65	海外の事例を教えて。	158
Q.66	愛知万博「バイオラング」の壁面緑化とは。	160
Q.67	排気塔を基盤造成型で緑化した事例を教えて。	162
Q.68	建物の外柱や円形柱を高い意匠性で緑化した事例を教えて。	164
Q.69	ファサードとして設けられた商業施設の事例を教えて。	166

| Q.70 | 登攀型と下垂型を併用した壁面緑化はかなりあるが、基盤造成型と併用した事例はあるか。 | 168 |
| Q.71 | 意匠性が高く、最新技術が盛り込まれた事例を教えて。 | 170 |

資料

壁面緑化関連工法・資材　174
主な参考図書・文献　178

おわりに　180
財団法人 都市緑化機構・事務局　180
財団法人 都市緑化機構 特殊緑化共同研究会・名簿　181
本書執筆者一覧　182

カバー掲載写真

① シャルレポートアイランドビル(神戸市)
② かをり商事(横浜市)
③ ヤクルト本社ビル(東京都港区)
④ 新宿駅西口広場吸排気塔(東京都新宿区)
⑤ 赤羽台団地道路擁壁(東京都北区)
⑥ 銀座ニコラスGハイエックセンター(東京都中央区)
⑦ 二番町ガーデン(東京都千代田区)
⑧ 東急病院(東京都大田区)
⑨ 北青山レクサス(東京都港区)
⑩ 虎ノ門ファーストガーデン(東京都港区)
⑪ 丸の内パークビルディング(東京都千代田区)
⑫ サンタキアラ教会(東京都港区)

登攀型・下垂型による代表的な建物緑化
壁面緑化の先駆的・模範的存在であり、その意匠性の高さでも知られる建物。

1972年に施工した壁面緑化のパイオニア。現在の姿は2001～02年の改修後の状態
[東京都港区・ヤクルト本社ビル／下垂型補助資材あり→**Q.57**]

壁面を緑化の対象としてデザインした最初の建物。意匠性の高さをもっている
[神戸市・シャルレ・ポートアイランドビル／登攀・下垂併用型補助資材あり→**Q.56**]

昔から見かけられるナツヅタによる壁面緑化。建物外周を大面積で覆っているが管理は行き届き、良好な景観を演出している
[横浜市・かをり商事／登攀型補助資材なし]

劇場という窓が少ない建物の特徴を生かし、大通りに面した2壁面を全面緑化
[名古屋市・千種文化小劇場／登攀・下垂併用型補助資材あり→**Q.58**]

壁面緑化がベランダ緑化や屋上緑化とよく融合している
[大阪市・NEXT21／登攀型補助資材あり]

建物壁面の美しいカーブとヘデラカナリエンシスの緑化がマッチしている
[福岡市・キャナルシティ博多／下垂型補助資材なし]

基盤造成型による建物緑化

近年増えている基盤造成型の緑化事例。

低照度の店舗内壁面にコンテナを配置した壁面緑化
［東京都中央区・銀座ニコラスGハイエックセンター／基盤造成型（コンテナ型）］

北西面の2〜6階を各階高さ2mまでの範囲で緑化。植物はヘデラカナリエンシス
［東京都千代田区・二番町ガーデン／基盤造成型（コンテナ型）］

建物の2〜10階まで緑化しており、地上からの高さは35m
［東京都港区・青山ライズスクエア／基盤造成型（コンテナ型）→Q.60］

2〜9階の各階にコンテナを設置してバラやフジなどの落葉樹を中心に植栽した壁面緑化
［東京都千代田区・パソナ／基盤造成型（コンテナ型）］

植栽基盤は小さめだが、さまざまな植物が良好に生育している
［東京都品川区・大崎駅第二地域センター周辺／基盤造成型（コンテナ型）］

日本有数のオフィス街の壁面緑化の一例
［東京都千代田区・日経ビル・JAビル・経団連ビル北面／基盤造成型（コンテナ型）］

建物南面と西面における単線ワイヤによる壁面緑化。
植栽基盤の土壌量が圧倒的に少ない
[東京都大田区・東急病院／基盤造成型(コンテナ型)]

単線ワイヤなどによる壁面緑化
[東京都港区・虎ノ門ファーストガーデン／基盤造成型(コンテナ型)]

パトリック・ブランが手掛けた室内に配置された壁面緑化
[東京都渋谷区・GYRE／基盤造成型(パネル・モジュール型)]

円形柱を飾った壁面緑化
[東京都千代田区・丸の内パークビルディング／基盤造成型(パネル・モジュール型)
→Q.68]

土壌用容器がいらない熱溶着培土を使用した壁面緑化
[東京都港区・北青山レクサス／基盤造成型(パネル・モジュール型)]

幅22m、高さ9mの壁面に約50種、2,300株の植物が植栽されている
[東京都港区・サンタキアラ教会／基盤造成型(パネル・モジュール型)→Q.09]

都市景観をつくる土木構造物の壁面緑化
安価に大面積施工ができ、メンテナンスが少なくて済むシステムが採用されている。

都心に多い換気塔の緑化。威圧感が低減され、修景効果が大きい
[東京都新宿区・新宿駅西口広場吸排気塔／登攀型補助資材あり→Q.61]

高速道路上の壁面緑化。ドライバーの目を休める効果が期待される
[埼玉県加須市付近・東北自動車道遮音壁／登攀型補助資材あり]

テイカカズラによる鉄道橋脚の緑化。補助資材は鋼製パイプを組み立てたもの
[東京都品川区・東京モノレール橋脚／登攀型補助資材あり→Q.09]

ボリュームのあるオオイタビによる道路擁壁の緑化
[愛知県名古屋市・東山動植物園道路擁壁／登攀型補助資材なし]

照り返しを柔らかく減衰する道路擁壁の緑化
[東京都北区・赤羽台団地道路擁壁／下垂型補助資材なし]

ヘデラヘリックスなどによる護岸緑化
[東京都千代田区・日本橋川護岸／下垂型補助資材なし]

立体駐車場の壁面緑化と緑のカーテン
身近な施設の緑化による環境改善として期待されている。

立体駐車場入口部分の緑化
[東京都多摩市・東京トヨタ 多摩永山店、大地からの緑化]

開放性を考慮した車庫部の緑化
[東京都江東区・潮見駅前プラザ一番街・二番街、コンテナと大地からの緑化]

補助資材を外壁から1m以上離隔した車庫部の緑化
[東京都江東区・ラ・ヴェール東陽町、大地からの緑化]

事務所ビルの緑のカーテン
[東京都目黒区・トーシンコーポレーション、コンテナからの緑化]

公共施設の既存の建物の緑のカーテン
[東京都立川市・国営昭和記念公園、コンテナからの緑化]

住宅のベランダの緑のカーテン
[東京都目黒区・コンテナからの緑化]

壁面緑化にふさわしい植物
つる植物のさまざまな種類を紹介する。

ヘデラ類（ヘデラカナリエンシス）
[常緑、付着根]

ビグノニア
[常緑、巻きひげと吸盤]

オオイタビ
[常緑、付着根]

スイカズラ
[半常緑、巻きつる]

ナツヅタ
[落葉、吸盤]

ノウゼンカズラ
[落葉、付着根と巻きつる]

テイカカズラ
［常緑、付着根と巻きつる］

トケイソウ
［半常緑、巻きひげ］

クレマチス類（アーマンディー）
［常緑、巻き葉柄］

ハゴロモジャスミン
［常緑、―］

カロライナジャスミン
［常緑、巻きつる］

テリハノイバラ
［半常緑、這性］

壁面緑化の効果

温熱環境の改善や修景効果の様子を紹介する。

壁面緑化を行った建物のサーモカメラによる熱画像(夏季)。緑化により建物表面温度が低くなっていることがわかる
[名古屋市・千種文化小劇場]

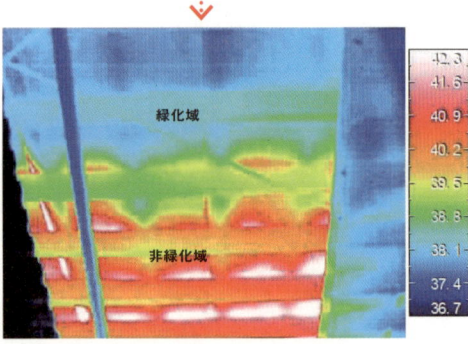

積載荷重の小さい薄層型の工場屋根緑化を実施した場合でも、温熱環境改善効果は十分ある。工場室内天井部の温度は、緑化することにより約4℃低くなった
[埼玉県川口市→**Q24**]

コンクリート壁面を緑化すると照り返しが防げ、修景効果も期待できる
[東京都荒川区・三河島水再生センター]

ロータリーにそびえ立つ吸排気塔も緑化することでその威圧感が低減される
[東京都新宿区・新宿駅西口広場吸排気塔]

1章

壁面緑化の効果・効用

Q.00 壁面緑化とは何か。

A. さまざまな鉛直壁面を多様な植物で覆うこと。
都市の環境を改善することを目的としてつくられる。

図1　身のまわりの壁面緑化

本書で扱う壁面緑化とは

　壁面緑化とは、名前のとおり「壁面を緑化すること」ですが、その壁面とはどんな壁面でしょうか。それは、建物の躯体壁面、建物を取り巻く塀や門などの外構工作物壁面、道路擁壁・河川護岸・橋梁橋脚などの土木構造物壁面、さらには博覧会や展示会などのイベント会場の自立壁面などと多岐にわたります。本書では壁面緑化を、コンクリート・金属・木材などの構造用材料あるいはタイル・塗料などの仕上げ材料（非構造材料）で覆われた構造物の鉛直壁面を多様な植物で覆うこと、と定義しました。壁面緑化に用いられる植物は、最も多いつる植物に加え、各種木本類や草本類も対象としています。壁面緑化は、後のQ&Aに出てくるように、都市域の温熱環境を改善する効果をもっていることに加え、私たちの身近な生活において修景効果や憩いの場の創出といったことも期待できます。

【壁面緑化の定義】

Q.01 壁面緑化することの意義とは何か。

A. 都市の緑被面積の増大、それにともなう都市環境の改善。
また建築設計の視点からは、個性的で環境にやさしい
仕上げ材として、その存在意義は大きい。

高密化した都市での緑被面積の増大

　都市のなかで緑地の持つ役割にはさまざまなものが知られています。ところが今日、都市化は進行し、必然的に建築物は高層化・高密化するなかで緑が失われ、ヒートアイランド現象などさまざまな都市環境問題が顕著になってきてしまいました。また大部分の人間は身近に緑ある空間を求めるものです。「都市に緑は必要か?」というアンケートをとると、おおむね80〜90％以上の人が「必要」と答えるでしょう。

　しかしながら土地の高度利用が進んだ都心部では、行政機関が新たな土地取得を行い、緑地を確保するという方法は現実的でなくなってきています。都市に緑は必要と考える人々であっても、何百億円もの巨費を投じて小さな緑地をつくるなどという政策には賛成しづらいことでしょう。

　そこで注目されてきたのが屋上緑化です。現在では、新築建物への屋上緑化を義務付けるような自治体も増えてきています。ところが高層建物では、建物全体の表面積に占める屋上の割合などは微々たるものです。ましてや超高層ビルでは、表面積の大部分は壁面であるといってもいいくらいでしょう。ですから都心部で劇的に緑の量を増やそうとした場合、壁面を緑化することは必須課題になるといえます。

　垂直面の緑は水平面の緑と同等の存在意義があるわけではありませんが、それでもこの広大な壁面空間を緑化できたならば、屋上緑化だけでは実現困難な、都市環境の改善効果を得られると期待できるのです。

環境にやさしい建築仕上げ材

　壁面緑化は魅力的な建築仕上げ材です。沖縄やシンガポールを旅行したことのある人ならば、建物壁面や土木擁壁が色とりどりの花で覆われている様子を見たことがあるのではないでしょうか。大阪や東京のような温帯地域では、このように花の咲く植物で壁面を覆うことは難しいのですが、植物の葉を使って、さまざまな

色彩・テクスチュアの建築外壁面をつくり出すことができます。この色彩と質感は、他の人工的な建材とは一線を画すものがあります。風などによる細やかな動き、季節や時間変化にともなう深い陰影をたたえた複雑な色彩の変化など、生きている自然素材ならではの魅力が存分に発揮されます。

また、後【→Q.02】に述べるように、壁面緑化には深刻さを増す都市環境問題の改善に資するという公益的効果が数多くあります。設計者やビルオーナー、テナントの環境意識を社会に示す上で絶好のアピールポイントとなることも見逃せないでしょう。

写真1　建物壁面がつくり出す「都市の屛風」を緑で覆う──東京都港区〈松永ビル〉

写真2　壁面緑化による「峡谷」の演出──福岡市〈キャナルシティ博多〉

Q.02 壁面緑化にはどのような効果があるのか。

A. ヒートアイランド現象の軽減、建物断熱性の向上、熱中症の予防など、都市環境のさまざまな改善効果が期待できる。
また建築物表面の意匠性が向上することで
景観や集客力の向上などの効果も期待できる。

緑化による多彩な効果

　壁面緑化に限らず、都市緑化による環境改善効果は、幅広く発揮されるのが特徴です。ヒートアイランド現象の軽減、断熱性向上、大気浄化、騒音低減など数多くの物理的効果が期待できますが、それぞれの効果については建築的、工学的な代用品がいくつも見つかります。特に大気浄化や騒音低減効果に関しては、人為的につくられた資材に大きく劣る性能しか持ち合わせていません。しかし、これら幅広い効果を「壁面緑化」というただ1つの装置で獲得することができるというのが最大の特徴であり、利点でもあります。

　また、鳥類や昆虫類の採餌や営巣の場所を提供するといった生態系の回復効果、緑を見ることで眼精疲労を低減させるといった生理的効果、心の安らぎや精神疲労の回復といった心理的効果など、人工的な装置では代替困難なさまざまな効果も同時に得られます。さらに、緑はもともと都市景観を形成する上で重要な景観性の向上パーツです。都市のなかに大量に設置しても景観を損なうような心配は少ないのです。

　ヒートアイランド現象の軽減といったひとつの問題だけを考えていると、壁面緑化は最善の選択肢にはならないかもしれません。しかし、こういったさまざまなメリットを総合してみると、無理なく都市に設置できる、最も使い勝手のよい環境改善装置といえるのではないでしょうか。

建築意匠と壁面緑化

　〈アクロス福岡〉や大阪市〈なんばパークス〉のような階段状の屋上緑化は、地上から全容を見渡すことができ、緑化のアピール力は抜群です。しかしながら、大多数の屋上緑化は地上から見ることが困難です。建築を彩る緑化パーツとしては、屋上緑化よりも壁面緑化のほうが不特定多数へのアピール力は強いものです。
　【写真1】は大阪・南船場にある〈オーガニックビル〉で、イタリアの建築家が設計し

1993年に竣工しました。この一帯は問屋街であり、メインストリートの御堂筋から離れていることもあって、竣工当初は非常に場違いな印象を与えました。いかにもバブルの遺物といった感じがしたものです。ところが現在、ここ南船場一帯はカフェやブティックが建ち並ぶ、大阪で最先端の若者の街に変貌しました。こうなるとこの建物は街のランドマークとして輝きを放ちます。竣工後10年以上を経て、この建物の意匠がようやく本領を発揮したといえるでしょう。

【写真2】は東京・麹町にある〈二番町ガーデン〉です。この建物は寺院の墓地に隣接して建てられています。建築計画時、寺院側から強硬な建築反対の意見が寄せられていたそうですが、この壁面緑化を提案することでなんとか同意を得ることができ、無事に竣工に至りました。墓地内の樹木ともどもボリュームのある緑景観が背景となって、都心の墓地とは思えないような美しい空間が形成されています。この成果に寺院側も大いに喜んで、新たな建築業務依頼の発掘にも結びついたということです。

写真1　大阪市〈オーガニックビル〉　©Moriya KAJIKI

写真2　東京都千代田区〈二番町ガーデン〉

Q.03 ヒートアイランド現象に効果はあるのか。

A. 緑化面積に比例した低減効果が期待できる。
単位面積当りの効果が地上の緑や屋上緑化と
同等であるとはいえないが、対象面積が莫大であることから、
実際に緑化が進んだ場合の低減効果は大きい。

壁面緑化による気温低減効果

　16ページの写真でわかるように、壁面を緑化すると、緑化していない壁面よりも格段に表面温度を下げることができます。これによりビル表面からの顕熱量（空気に直接伝導される熱量）を大幅に減らせるので、ヒートアイランドの抑制に効果があることは明らかです。しかしながら直射日光にさらされた緑化面の温度は周りの空気よりも高温になってしまうことが多いものです。緑化していない壁面よりははるかによいのですが、それでも積極的に空気を冷やしているというわけではありません。

　これに対し、日陰にある緑化面は、葉からの蒸散作用によって空気よりも低温化します。こうなれば都市大気の冷却面として働きますから、ヒートアイランド現象の直接的な軽減装置とみなすことができます。屋上緑化と異なり、壁面緑化の場合は、一日中陽が当たっているということは稀です。したがって積極的な冷却面として機能する時間が長く取れるのです。ヒートアイランド対策として見た場合に、壁面緑化の優れている点は、こういったところにあるでしょう。

　夜間については、屋上緑化や地上の緑地のような放射冷却による低温化があまり期待できませんから、冷却効果はやや劣るものと考えられます。

壁面は屋上の約5倍の面積

　1995年時点での、日本の主要都市における屋上面積、壁面面積の推計値を【表1】に示します。11都市の合計で見ると、壁面は屋上の約5倍の面積を有していることがわかります。東京のような高層化が著しい都市では実に24倍にも達しているのです。

　このように、都市全体のなかで占有する面積が大きいということは、この面を冷却することができれば、ヒートアイランド抑制に対して非常に大きな効果を発揮することが期待できるのです。もちろん、壁面の緑化は屋上と比べると格段に難しい

ので、屋上緑化と同様のペースで緑化を推進することは無理ですが、今後の技術開発によって緑化可能な壁面はますます増えていくことと思われます。

愛知万博会場・バイオラング壁での実証

2005年に開催された愛知万博では、「バイオラング」という実験緑化壁面が展示されました【→Q.08、Q.66】。このバイオラング壁で囲まれた通路内と、その外側では、真夏の晴天時に約2℃の気温差が観測されました【写真1、2】。

表1　主要都市の屋上・壁面面積（単位：ha）

都市名	屋上面積	壁面面積
札幌	1,547	2,377
仙台	2,570	2,984
東京	4,140	98,068
横浜	3,862	6,502
名古屋	4,565	7,904
大阪	1,907	17,883
神戸	3,357	5,872
広島	1,978	3,250
高松	405	1,664
北九州	3,301	3,623
福岡	2,141	3,099
合計	29,773	153,226

写真1　バイオラング内の気温（33.4℃）

写真2　バイオラング外の気温（35.4℃）

参考文献　建設大臣官房技術調査室『緑化空間創出のための基盤技術の開発報告書（第一分冊）』(1995)

Q.04 建物断熱に効果はあるのか。

A　日除けとしての効果はすべての壁面緑化工法に期待できる。
壁面緑化のうち基盤造成型の場合、
屋上緑化と同様の吸熱効果を得ることも可能である。

日射を遮蔽する効果

　建物壁面は屋上面ほど高温化するわけではありませんが、西日に直面した壁では夏の夕方、表面温度が40〜50℃に達することがあります。壁面には屋上面ほどしっかりとした断熱が施されていないことが多いので、この西日の影響が室内に強く現れる建物もあります。こういった場合、緑化することによって建物内部への熱貫流を低減させることができます。プレハブのように壁体が薄い建物の場合、特に効果が大きく発揮されます。

　壁面緑化された建物では、緑化面を通過して建物壁に達する日射量は5%以下にまで減少します。この「日傘効果」による日射の遮蔽が、壁面緑化による建物断熱の主な要因ということになります。理屈の上では、透過率5%以下の遮蔽シートを用いれば同等の効果が得られるはずですが、反射式の遮蔽シートの場合、向かい合った他の建物に熱を反射させるのでは迷惑となり、吸収式の遮蔽シートは吸収した日射エネルギーが熱の形で周囲の空気に放出されてヒートアイランドの熱源となってしまい、いずれも手放しで褒められる対策とはなっていません。緑化の場合は、葉面で吸収された日射エネルギーの多くが蒸散活動にともなって消去されてしまいますので、熱反射も発熱も少ない理想的な日射遮蔽装置であるといえるでしょう。

　この日射遮蔽効果により、夏季の晴天時には、厚さ150mmの鉄筋コンクリート壁の場合で最大7〜8℃、厚さ4.7mmの石綿コンクリート板の場合で最大10℃の壁面室内側表面温度の低減が実測されています。

　【写真2】は、和歌山大学システム工学部の校舎に設置した緑のカーテンです。この教室と、隣の緑で覆われていない教室の空調電力消費量を比較したものが**【図1】**となります。庇が長く、かつ窓ガラスには熱線遮蔽フィルムが張られていて日射の影響が小さい構造の教室ですが、夕陽が直接窓に当たる16時台には、電力消費量が37%削減されました。

植栽基盤による建物吸熱

　屋上緑化の場合、植栽基盤が屋上スラブ面に密着しているため、土壌温度が建物温度よりも低温の場合には、建物の熱を吸い出す働きをします。風邪で発熱したときなど、額に濡れたタオルや吸熱シートなどを載せますが、それと同じような状態です。プレハブ建物のような場合、建物壁面からの熱流入量が大きく、緑化した屋上面が室温よりも低温となることもしばしば起きます。こういったときに天井面の熱の移動を測定すると、非常に大量の熱が天井面から外側へ移動していることがわかります。

　これに対して、ツタを這わせるような従来工法の壁面緑化では、壁体と植物体の間には空気層があるだけですので、外壁面の温度は、そのときの外気温と同じかわずかに低い程度に留まります。したがって積極的に冷やすといった効果は期待できません。ところが基盤造成型【→Q.16、Q.19】の壁面緑化の場合には、屋上緑化と同様に外部に熱を吸い出す効果も期待できるようになります。

写真1　沖縄の民家。日射除けのために、濃密な壁面緑化を施した建物が数多く見られる

写真2　和歌山大学の緑のカーテン

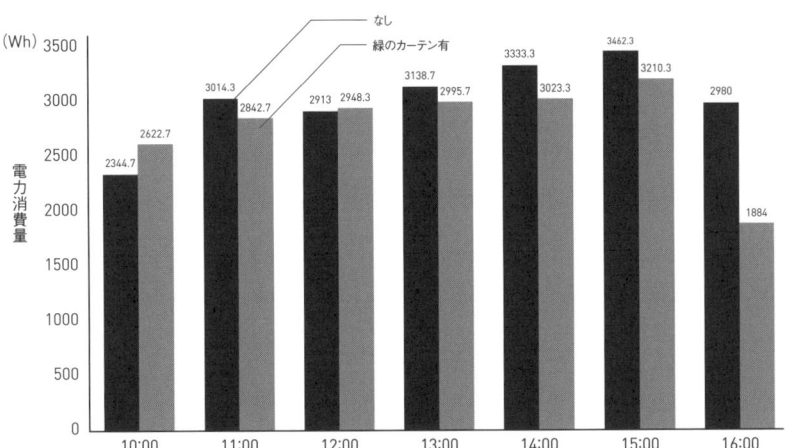

図1　緑のカーテンの有無によるエアコン消費電力量比較（2008年9月14日）

参考文献　N.Pichakum, "An Investigation on the effect of shade plant on building to solar radiation and air temperature in summer"『環境情報科学』21-2（環境情報科学センター、1992）／梅干野晁他「ツタの西日遮へい効果に関する実験研究」『日本建築学会計画系論文集』第351号、pp.11-17（日本建築学会、1985）／平成4年度省資源総プロ・国土センター報告書（1985）

Q.05 輻射熱の軽減効果はあるのか。

A 建物壁面から外部空間に対する
輻射熱の顕著な軽減効果が期待できる。
熱中症などの防止にも役立つと考えられる。

都市の厳しい暑熱環境
　もともと日本の夏は非常に蒸し暑く、同緯度の温帯地域と比べると際立って暑熱環境の厳しい場所です。鎌倉時代に書かれた『徒然草』のなかにも、住居は夏の暑さ対策を第一に考えるべし、という記述が残されているほどです。現代の都市において、これに拍車をかけているのがヒートアイランド現象です。気温そのものが高くなる上に、真夏の日中、アスファルトの表面は50〜60℃にも達し、道路を歩く人々に強力な赤外線放射を浴びせます。また、高層ビルのミラーガラスなどからの反射によって、直射日光以上の太陽放射が浴びせられることもあります。
　こういった場所で暑熱強度を表すWBGT（黒球湿球温度）を測定すると、熱中症の危険度は最高レベルに達していることがわかります。健康な人でも、長時間こんな場所にいると熱中症を引き起こす危険性があるのです。

冷温・冷熱面
　Q.03でも触れたように、壁面緑化には都市の空気そのものを冷やす効果が期待できます。つまり日陰の緑化壁面の表面温度は気温よりも低くなり、気温が30℃に達したとしても26〜27℃程度にしかならないでしょう。人間の露出した皮膚面は32〜33℃ですから皮膚面と緑化壁面を比べると、皮膚温のほうが高温ということになります。
　このとき温度の違うものどうしが向き合うと、輻射によって熱が高温面から低温面へと移動します。熱力学第二法則で説明される現象です。皮膚にとっては熱を吸い取られるような感覚、あるいは「冷たい輻射」を浴びているような感覚になります。これが体感温度を下げる働きをします。実際には冷たい輻射というものは存在しませんが、冷蔵機器関連業界の用語では、輻射によって熱を奪うことを冷熱と呼び、ものを冷やすための代表的な手段となっています。また、冷たい物体で直接熱伝導によって冷やすことは冷温と呼ばれます。
　日陰の緑化壁面は、気温35℃程度までの条件であれば、周辺の空気に対しては冷

温、人間の皮膚に対しては冷熱になることが期待できます。このような冷温・冷熱面を増やすことが、ヒートアイランドの軽減と暑熱環境の緩和に対して最も有効な手段となるのです。

愛知万博・バイオラングでの実証

バイオラングでは温熱環境の測定も行われました。その結果、実際に緑化面が冷熱面となって暑熱軽減に有効に機能していることが実証されました【写真1〜4】。

写真1　日陰の"バイオラング"壁面（気温＝32.9℃）

写真2　愛知万博「愛・地球広場」の人工芝面（68.6℃）

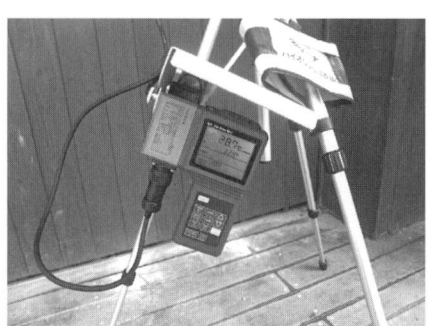

写真3　"バイオラング"内のWBGT（28.7℃）

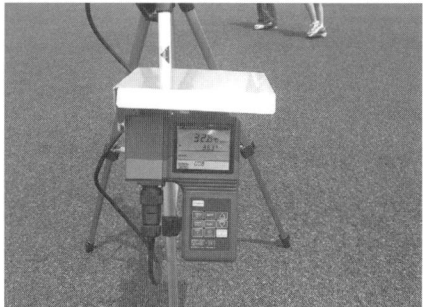

写真4　「愛・地球広場」のWBGT（32.6℃）。WBGTが31℃を超えると屋外活動は危険とされ、熱中症の危険度は非常に高まる

Q.06 大気浄化や騒音低減の効果はあるのか。

A 大気浄化効果、騒音低減効果ともに、ある程度は期待できる。
基盤造成型の壁面緑化では振動音の低減効果も期待される。

植物による大気浄化効果

　緑化による大気浄化効果は、葉面から気体の吸収、葉面や枝面への液体、固体の付着によってもたらされます。例えば二酸化窒素（NO_2）のような大気汚染物質は、葉の気孔から吸収され、一部は植物細胞内で代謝・吸収されてしまうことが知られています。実験的に測られた結果では、葉の乾燥重量：1g当り76.8mg／年のNO_2を吸収したとされています。工業的な大気浄化装置と比べれば非常に遅い処理速度ですが、薄く拡散してしまった大気汚染物質を広い面積で徐々に処理するためには、ある程度有効であろうと考えられます。したがって、環境基準をわずかに満たしていない道路などで、最後の一押しとして導入するといった使い方が有効です。高濃度の汚染物質を劇的に減らすような効果は期待できません。
　硫黄酸化物（SO_x）も植物体に吸着されますが、こういった物質は植物にとってはただの有害物質です。濃度は若干減るかもしれませんが、植物体を著しく傷めるので硫黄酸化物を浄化するような目的に使うべきではありません。
　粉塵、SPM（浮遊粒子状物質）などの固体は植物体表面に付着して、やがては雨で洗い流されるか、あるいは落葉とともに地面に落ちます。一種の浄化フィルターということができるでしょう。いずれにしても直下の地面に汚染物質が蓄積しますので、重金属などの有害物質の除去を緑化に期待することは間違いです。

壁面緑化による騒音低減効果

　植物による騒音低減効果については昔からいろいろと調べられてきています。ジャングルのような場所に音源を置いて、距離と音圧との関係を調べた結果によれば、植物体そのものによる音圧低減効果はきわめて小さいということがわかっています。街路樹のようなものを対象に測定を行っても同様の結果が得られます。工業的につくられた防音壁のようなものと比べると、植物の騒音低減効果は比較にならないほど小さいということになります。
　実際の測定事例を見てみましょう。【図1】は旧日本道路公団によって行われた測

定結果から作成したグラフです。高速道路で使われる「統一板」と呼ばれる防音壁の前面をヘデラ・ヘリックスで密度を変えて被覆した場合の、吸音率を比較したものです。ヘデラで密に覆った場合、2,500～4,000Hz帯で比較的顕著な吸音率の向上が認められます。音圧を表すdb（デシベル）で表現すると取るに足らない差になってしまいますが、わずかでも騒音低減に寄与していることがわかります。

【図2】は異なった3タイプの壁面緑化に対して、緑化前のコンクリート壁との（反射音／直達音）の比を計算した結果から作成したグラフです。コンクリート壁が70～85％反射するのに対し、緑化面は30～50％しか反射しないことがわかります。これもdb単位で表せばわずかな差になってしまうのですが、少なくとも効果なしということではありません。また、ヘデラを単独で登攀させたものよりも基盤造成型【→Q.16、Q.19】のほうが大きな低減効果を示しています。植栽基盤が振動エネルギーを低減させているためと考えられますが、これについては今後の詳しい検証が待たれます。

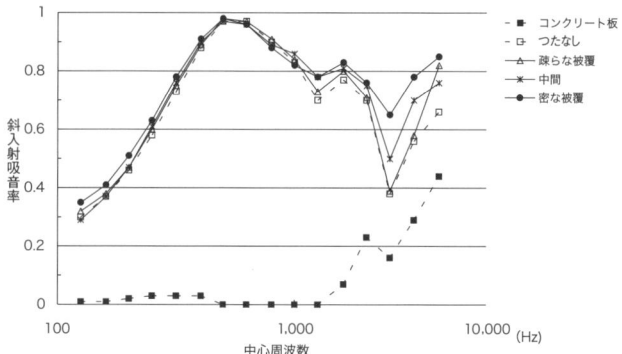

図1　ヘデラで覆った吸音板の吸音率

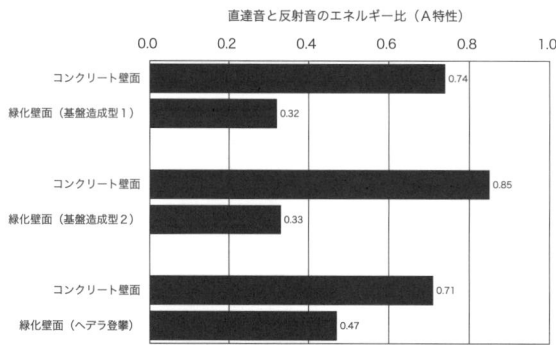

図2　コンクリート壁面と緑化壁面の音反射率

参考文献　　池谷公一他「ツタ被覆にともなう金属製遮音板の斜入射吸音率測定結果」（道路振動研究会、2005）／（財）都市緑化技術開発機構『道路関係施設への垂直壁面緑化工法検討会報告書』（2005）

Q.07 都市の修景効果を期待できるか。

A. 多面的な機能を持つ"緑"には修景効果もあり、建物の密集する都市域では壁面緑化による修景効果が大いに期待されている。

近代から今日までの都市のあり方

　近代建築の巨匠であるル・コルビュジエは、近代建築の五原則として、「ピロティ」「屋上庭園」「自由な平面」「水平に連続する窓」「自由な立面」を提唱しました。このような近代建築の設計手法は、石造や木造に代わって鉄筋コンクリート造が普及することで世界中に浸透しました。一方、鉄筋コンクリート造の建物は、打放しの仕上げ面などそれ自体美しく感じるものですが、都市全体をこのような構造物が占有してしまうと、威圧感のある建物の並ぶ街並みになり、多くの伝統的建築や緑豊かな街並みが失われることになります。日本の大都市は、まさにそのような状況を呈しており、合理性や機能性のみを重視した都市づくりの結果と考えることができます。

　こうした状況を是正するためにヒューマニティ重視の考え方が求められています。この流れのなかで、温熱環境の改善、自然生態系の保全、癒しの空間の創造、都市景観の向上などといった多面的な機能を持つ"緑"が都市域に積極的に導入されるようになってきました。しかしながら建物が密集する都市域では地上の緑には限界があり、屋上緑化や壁面緑化に依存することになります。特に、大都心においては建物壁面や土木系インフラの占有面積は大きく、壁面緑化を施工できる場所はふんだんにあります。

写真1　既設建物の壁面緑化（上＝施工前、下＝施工後）

"隠す"から"見せる"へ

　壁面緑化の修景利用に関しては、擁壁、換気塔、高速道路橋脚などの土木構造物や倉庫や工場などの建物での実施例が多く見られます。硬く威圧感があり汚れやすいコンクリート表面を、やわらかみのある美しい植物で覆い隠すことを目的としたこの種の壁面緑化は、比較的導入しやすく、今後も大いに利用されていくことでしょう【写真1、2】。

　一方建物のオーナーや設計者にとって、建物の壁面は最も人に見せたい部分の1つですし、維持管理が必要で生育状況にばらつきなどがある生き物を用いた壁面緑化をデザインに取り込むことに今までは積極的になれなかったようです。しかしながら最近では、技術の進歩と相まって、壁面緑化の導入事例が増えてきています。すなわち、壁面緑化を建物デザインとして積極的に取り込み、"隠す"から"見せる"という優れた事例も数多く創出され、それらは四季折々の表情を演出し、地域のランドマーク的施設として人々に親しまれています【写真3、4】。

人にやさしい都市景観を目指して

　緑には建物や構造物を周辺景観と調和させる機能があります。2005年6月には景観・緑三法が施行され、美しい景観と緑豊かな都市へと法的条件も整備されてきました。都市への緑の取り込みは必然の流れであり、今後、壁面緑化による修景効果は大いに期待されています。冒頭のル・コルビュジエの近代建築の五原則に「垂直に連続する緑」を加えて、人にやさしく緑あふれる都市景観をつくりたいものです。

写真2　換気塔の壁面緑化（左＝緑化なし、右＝緑化あり）

写真3　意匠性のある建物の壁面緑化

写真4　建物の全面壁面緑化

Q.08 愛知万博「バイオラング」において壁面緑化の効果は検証されたか。

A. バイオラングを使った調査によって壁面緑化のさまざまな効果が実証された。

人と自然との関わりを再構築する都市装置・バイオラング

「バイオラング」とは、2005年3月25日〜9月25日の間に開催された2005年日本国際博覧会・愛知万博(愛・地球博)内、長久手会場の中心に設置された自立型の巨大緑化壁面です。生物生命を表す「バイオ」と、肺を表す「ラング」を掛け合わせてできた造語で、「呼吸する都市構造膜」としてつくられました。

自立壁面(横幅約150m、最高部で15m)は3枚の緑化スクリーンで構成され、スクリーンの間には緑化壁面空間を楽しめる回廊として「バイオラングコリドー」が、回廊の中央にはバイオラング全体のシンボルとして高さ25mの「バイオラングタワー」が設置されました。"自然と呼吸しあう叡智"に着目した人と自然の関わりの"多様性・多層性"を再構築する都市装置としてのデザインを表現しています。

表1 バイオラングにおける環境改善効果に関する調査項目

都市環境改善効果の計測	
①気象データ計測	風向、風速、気温、湿度、日射量、雨量、気圧
②温熱環境改善効果に関する計測 ・温熱変化 ・暑熱環境 ・熱画像	緑化部表面気温、基盤表面温度、WBGT値、赤外線サーモカメラ
③微気象変化に関する計測	風向・風速測定
④騒音減衰効果に関する計測	騒音レベル測定
⑤生物誘因効果に関する計測	生物相調査
⑥緑化植物の生育調査	定点撮影による緑被率、NDVI値による活力度、生物乾物重量測定
都市環境改善効果のPRと効果の把握	
①効果のPR実施	調査状況の一般公開
②ヒアリング調査	一般来場者を対象
③アンケート調査	緑化関係者を対象

図1 愛知万博・バイオラングの位置

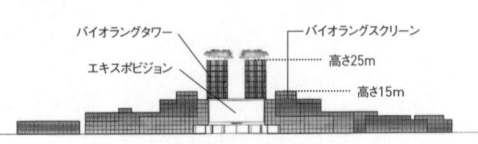

図2 正面から見たバイオラング

基礎データの把握に向けた調査

　バイオラングでは、新しい緑化技術の提案以外に、壁面緑化の将来的な技術開発につながる基礎データ把握を目的として、国土交通省 国土技術政策総合研究所が都市の環境改善効果等に関する調査【表1】を実施しました。

調査結果

①緑化壁面および非緑化壁面の表面気温の比較

　バイオラング正面およびバイオラング・コリドー内の緑化壁面で測定した表面気温(壁面表面から10cm離れた位置で測定した気温と定義)と、非緑化壁面(白色コンクリート板)の表面気温を比較すると、以下のようになりました(測定日時は2005年7月28日正午・外気温33.4℃)。

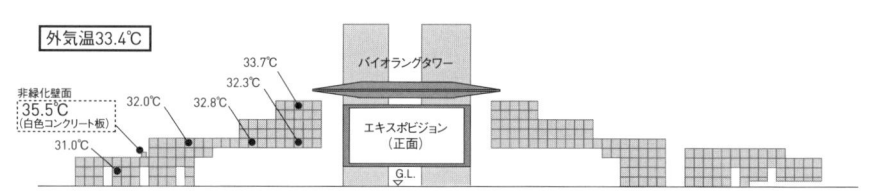

　バイオラング正面の緑化壁面は、非緑化壁面と比べ、表面気温が最高で4.5℃(平均3.1℃)低く【図3上】、バイオラングコリドー内では、最高で6.8℃(平均3.9℃)低いことがわかりました【図3下】。

②壁面緑化の赤外線熱画像撮影

　真夏の7月28日正午におけるバイオラング正面の愛・地球広場(人工芝)の表面温度は約52～57℃、バイオラング後方に位置するグローバルハウスの屋根(金属板)は約42～45℃、緑化壁面の表面温度は約25～35℃となり、緑化壁面の表面温度は、愛・地球広場(人工芝)の表面温度と比べ、約20℃～30℃低いことがわかりました。

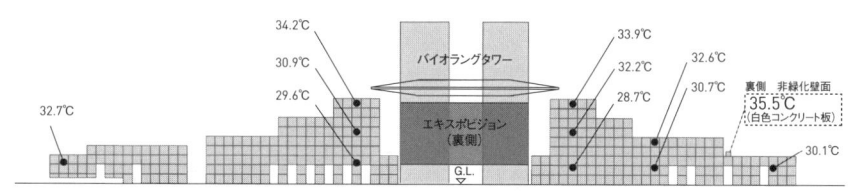

図3　バイオラング壁面の主要観測点の表面気温

参考文献　　国土交通省 国土技術政策総合研究所「2005年日本国際博覧会(愛・地球博)で実施している大規模壁面緑化(バイオラング)の効果測定実験について(速報)」(2005)

2章

壁面緑化の計画

Q.09 計画にはどういった点に留意したらよいのか。

A. 壁面緑化の目的、構造物の種類、設置場所の施工条件などをふまえ、壁面緑化手法や使用する植物を決める。

壁面緑化の目的(環境改善・修景・意匠性向上)に対する留意点

　壁面緑化を実施する主目的には、ヒートアイランド現象の緩和や大気浄化などに代表される環境改善、構造物壁面を緑で覆うことによる修景、建物や独立壁などの意匠性向上があります。環境改善および修景を主目的とした場合、緑被率が高く、緑量があり、永続的にかつ健全に生育・繁茂する植物を選定することが重要になります。また環境改善の場合は植物の生理機能(例えば葉からの蒸散量の多寡)に、修景の場合は花や実の美しさに着目した植物選びも必要になります。
　【写真1】は、鉄道の橋脚表面を緑化して修景した事例です。また意匠性向上を主目的とした場合、壁面を美しく飾り演出するために、つる植物に限定せずに多種多様な植物を利用するとともに、デザイン性の高い補助資材や植栽基盤も利用することになります。【写真2】は、アベリアやツワブキなど約50種類の植物を、壁面に固定された不織布ポットに植栽した事例です。

構造物の種類(新築・既存の建物・土木系インフラ)に対する留意点

　壁面緑化を計画する際、適用する構造物の種類によって留意点は異なってきま

写真1　修景を目的とした壁面緑化　　　　写真2　意匠性向上を目的とした壁面緑化

す。新築建物においては、壁面は建物の顔であり、デザイナーの腕の見せどころなので（壁面の仕上げ方が多種多様なため選択肢が多い）、建物本体の壁面を緑化するケースは未だ少ないといえるでしょう。このようなケースでは、代わりに門・塀・垣根などの外構を各種手法により緑化するようです。既存建物では、このような制約はなくなりますが、後施工ということで、とりわけ壁面緑化による積載荷重など壁面への負荷に留意する必要があります。

　【写真3】は、後施工で重い基盤造成型の植栽基盤を建物に抱かせて緑化した事例です。このようなケースでは躯体取り付け補強工事費がかなり高価になるでしょう。また新築・既存いずれの場合においても、窓面の処理と採光に関して、留意する必要があるでしょう。

　土木系インフラでは、ほとんどのケースにおいて壁面は化粧されておらず、打放し面（コンクリート表面）が対象になります。土木構造物の壁面緑化では、大面積施工、ローメンテナンスが容易なシステムであることが必須となります。したがって、登攀型か下垂型の緑化手法【→Q.16】で補助資材は使用してもワイヤメッシュや金網・ヤシ繊維マット併用型のものを使用する程度といえるでしょう。

設置場所の施工条件に対する留意点

　設置場所の留意点としては、土壌量、雨水利用などが挙げられます。壁面緑化の永続性は、おおむね土壌と使用する植物で決まり、とりわけ土壌量は重要です。一般的には露地植え（大地に直接植栽すること）がベストですが、人工地盤上や建築限界などの理由によりそれが不可能な場合はできるだけ多くの土壌量を使用するようにします。これにより雨水も有効に利用でき、上水道水を利用した灌水量を大幅に削減できます。また橋梁の橋脚下のように直接雨が当たらない場所では、**【写真4】**に示すような堰および雨水桝などを設けて雨水利用するのも一方法といえるでしょう。

写真3　建物に抱かせた植栽基盤

写真4　雨水排水を灌水に利用した例

Q.10 壁面や躯体を傷めたり、悪影響を与えたりしないのか。

A. 壁面が傷んだりするような悪影響はないが、壁面自体のメンテナンスは必要である。

壁面を傷める可能性のある植物

　壁面緑化を提案・計画する際に、「壁面緑化によって建物の壁面は傷みませんか?」とよく聞かれます。建物を傷める主な原因としては、壁面に付着したつる植物の壁面内部への侵入が考えられます。さまざまなつる植物のなかで、巻きひげ、巻きつる、巻き葉柄、這性型つる植物はこういった問題を引き起こしません。壁面の汚れという観点では吸盤タイプの付着根を有するナツヅタの吸盤跡も気になるところですが、主にはオオイタビ、ヘデラ類、ノウゼンカズラなどに代表される気根タイプ(空気中に根を出すもの)の付着根を有するつる植物が問題の対象になります。これらつる植物を壁面に登攀させた場合、気根がコンクリート躯体内部に侵入して損傷を与えることが考えられます。

壁面緑化では壁面、躯体は傷まない

　壁面緑化により壁面や躯体が傷まないことを検証するために、壁面緑化を設置しておおむね20年以上が経過した壁面緑化構造物を数ヵ所調査しました【写真1】。その結果、コンクリート壁面に発生したひび割れにヘデラ・ヘリックスやオオイタビの気根が侵入していました。ヘデラ・ヘリックスでは幅0.7mm程度以上、オオイタビでは幅0.2～0.3mm程度以上のひび割れに気根の侵入が観察されました【写真2、3】。しかしながら、侵入した気根の大きさは、壁面をはつった部分(削り取った部分)での測定結果によると、おおむね壁面に付着している気根の大きさと大差なく、吸収根化したり過度に肥大化するような傾向は認められませんでした【写真4】。また施設管理者へのヒアリングによれば、オオイタビで20年以上外壁が覆われた建物に、気根が壁面のひび割れに侵入していましたが、建物内部への漏水などといった不具合はまったく発生していないとのことでした。

建物壁面に発生するひび割れのメンテナンスが重要

　壁面に発生するひび割れは、建物など構造物の耐久性や防水性という観点から、問題になることがあります。一般に補修を必要とするひび割れ幅は、耐久性からは0.4～1.0mm以上、防水性からは0.2mm以上になった場合といわれています[*1、2]。したがって上記の調査で気根が侵入した場合のひび割れは、ひび割れ幅から判断して、本来補修対象部位といった見方もできるわけです。

　オオイタビやヘデラ類などのつる植物の気根は、ひび割れ幅0.2～0.3mm程度以上のひび割れに侵入する可能性があります。しかしながら、侵入後は肥大化する傾向はなく、ひび割れ幅を拡幅するような生長も認められないことから、壁面への影響はないといえるでしょう。

写真1　調査対象壁面（植物＝ヘデラ・ヘリックス）

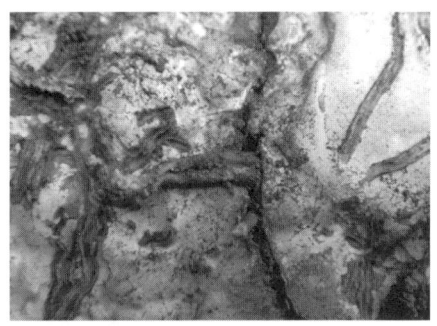

写真2　ひび割れに侵入する気根（ひび割れ幅約1mm）

写真3　はつり箇所の状態（躯体内部の気根）

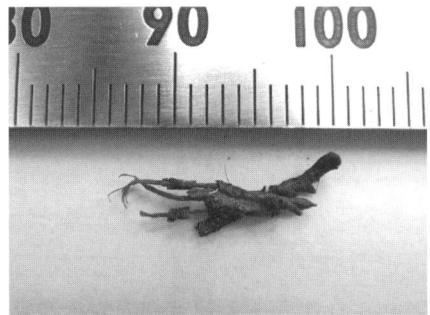

写真4　壁面内から取り出した気根（径約1.5mm×長さ14mm）

参考文献　*1 日本建築学会『鉄筋コンクリート造のひび割れ対策（設計・施工）指針・解説』（日本建築学会、1990）／*2 日本コンクリート工学協会『コンクリートのひび割れ調査、補修・補強指針』(2003)

Q.11 火災延焼の問題はないのか。

A. 植物は不燃材ではないため、
防火地域・準防火地域で大規模な壁面緑化を計画する際には、
自治体と事前に協議することが望ましい。
しかし、緑葉は非常に燃えにくい素材であり、延焼を助長するような
心配は少なく、むしろ延焼防止に役立つと考えられる。

防火地域と壁面緑化

　防火地域内では、地階を含み3階以上か、または延べ面積が10㎡を超える建物は耐火建築物とし、それ以外の小規模な建物でも耐火建築物もしくは準耐火建築物としなければならないと定められています。防火地域内での建物は、鉄筋コンクリート造、鉄骨鉄筋コンクリート造、鉄骨造などとするのが一般的です。

　このように防火地域、準防火地域での建築の考え方は、建築躯体そのものを不燃化することが原則になります。壁面緑化のようなものは建築の外装ですから、躯体そのものが不燃であれば外装材の不燃性まで強く求められることはあまりありません。しかし、自治体によっては消防からの指導を受ける可能性もあり、特に大規模な壁面緑化を計画する場合は事前に協議を行うことが望まれます。

　つる植物を用いた従来工法ではなく、植栽基盤そのものを壁面に取り付けるタイプの緑化を行う場合には、より事情が複雑になります。植栽基盤内にはさまざまな素材が使われており、なかには容易に引火する材料が混じる可能性もありますので十分な注意が必要です。

　植物の燃えやすさと燃えにくさは、昔から「防火樹」という言葉があるように、ある種の植物は非常に燃えにくく、火災になった際にも葉や幹に含まれる水分の蒸発潜熱により輻射熱を消去するため、火災延焼防止に効果があるとされています。実際に関東大震災のときには、東京・浅草寺境内に避難した数万人の命を境内のイチョウの木などが守ったとされています。

　健全な状態の植物の葉は全重量の50～90%が水で占められています。防火性が高いとされる植物の多くは、厚い葉を持ち全体の水分量が大きくなっています。壁面緑化によく使われているヘデラ類も肉厚の葉を持ち、燃えにくい植物です。実際に133種の植物を使って防火力を評価した実験結果では、防火力の強い上位9種のなかに、ナツヅタ、ヘデラ・ヘリックスの2種のつる植物が含まれています。

つる植物類の葉の含水率の実測結果は【表1】のようになっています。防火樹として最も有名なイチョウと比べても、遜色のない含水率があることがわかります。

落葉期と針葉樹の利用の注意

水分を含んだ緑の葉は燃えにくい性質を持っていますが、枯れた葉には注意する必要があります。落葉した葉は、だれもが知っているとおり非常によく燃えます。このようなものがビル壁面周辺に堆積しているような状態は危険です。タバコのポイ捨てなどで容易に発火、炎上してしまいますので、落葉期にはこまめな清掃が必要です。ナツヅタのような落葉樹では、冬季には壁面に幹や枝だけが残る状態になりますが、こういった部分にも一定量の水分が含まれていますから、冬季であるから火災延焼の危険性が高まるといった心配は要りません。

スギやヒノキのような針葉樹は、葉の中に燃えやすい精油成分が多く含まれるため、水分が多くても容易に燃えてしまう性質を持っています。こういった植物は火災延焼を引き起こす危険性があります【表2】。壁面緑化用に使われるつる植物のなかに針葉樹の植物は存在しませんが、最近使われるようになった基盤造成型の壁面緑化【→Q.19】では、這性の針葉樹類が植栽されることもあります。特に火災延焼防止に留意しなければならない場所では、こういった植物は使わないほうが無難でしょう。

表1　葉の含水率

植物名	葉の含水率(%)
アケビ	61.5
イタビカズラ	70.9
カロライナジャスミン	66.7
キヅタ	74.2
サネカズラ	80.4
テイカカズラ	61.8
ナツヅタ	75.7
ノウゼンカズラ	66.4
バージニアヅタ	74.6
フジ	64.8
ヘデラ・ヘリックス	66.7
ムベ	68.5
イチョウ	74.9

表2　葉の発火所要時間

植物名	無炎発火時間(分)
アオキ	13.6
イチョウ	9.0
スギ	5.4
サワラ	4.8
ヒノキ	4.1
クロマツ	3.4
カイヅカイブキ	2.9

*20kW/㎡の輻射熱で実験。時間が長いほど耐火性は高い

参考文献　岩崎哲也「都市樹木の防火力の評価とその活用に関する研究(学位申請論文)」(明治大学、2003)／中村貞一「樹林防火力の研究 第1報」『造園雑誌』12-1(1948)

Q.12 既存壁面の緑化では新築壁面と比べ、どういった点に留意したらよいか。

A. 対象となる壁面の荷重、外壁仕上げ、修繕計画など多くの諸条件に留意する必要がある。

既存壁面を緑化する際の多くの留意点

　既存の壁面を緑化する場合、まず壁面の負担できる荷重条件に留意しなければなりません。壁面緑化の手法によって、その積載荷重は大きく変化します【→Q.16】。つる植物の露地植えで補助資材のない場合では壁面が負担する荷重は小さく、基盤造成型のように壁面に直接植栽基盤を取り付ける場合ではかなりの荷重が壁面に作用することになります。したがって、壁面が負担できる許容積載荷重を確認して、その値以内での計画になります。また予算に余裕があれば、補強工事を行って負担できる荷重レベルを増加させることも可能です。なお、壁面が負担できる許容積載荷重をチェックするには専門的な知識が必要ですので、必ず構造設計者などの専門家に確認してもらうようにしてください。

　次に、外壁仕上げの確認、窓などの配置を含めたデザインの確認など、設計的な条件に留意してください。また維持管理に関しての確認も重要です。対象建物がマンションなどの場合には必ず修繕計画が決められており、定期的な外壁などの修繕が行われますので、適用できる壁面緑化手法が限定されることがあります。

　既存建物では、対象となる壁面の現況調査も行います。壁面の劣化程度や健全性の調査を行い、過大なひび割れなどの不具合があった場合は補修が必要になります。また植物の生育条件や周辺の状況なども確認しましょう。人通りの多い場所にある壁面が対象となっている場合には、道路利用者が被害を受けないような安全面の配慮が必要になります。

　これらの諸条件を考慮して、対象壁面にふさわしい壁面緑化手法と植物を選定します。その際、壁面緑化実施後の維持管理についても併せて計画してください。適用する壁面緑化手法が決まりましたら、再度、詳細な荷重条件を確認しておきましょう。以上の計画のフローを【図1】に示します。

対象構造物による違い

　対象壁面が高速道路や橋梁の橋脚、擁壁などの土木系構造物の場合では、個人邸の外構周りの緑化同様に、既存壁面の緑化を実施する上での制約は比較的少ないようです。一方建物の場合では、前述した流れにしたがって計画する必要があります。【写真1】は個人邸の既存ブロック塀を壁面緑化した事例、【写真2】は建物補強工事を行って既存建物の壁面緑化を実施した事例です。

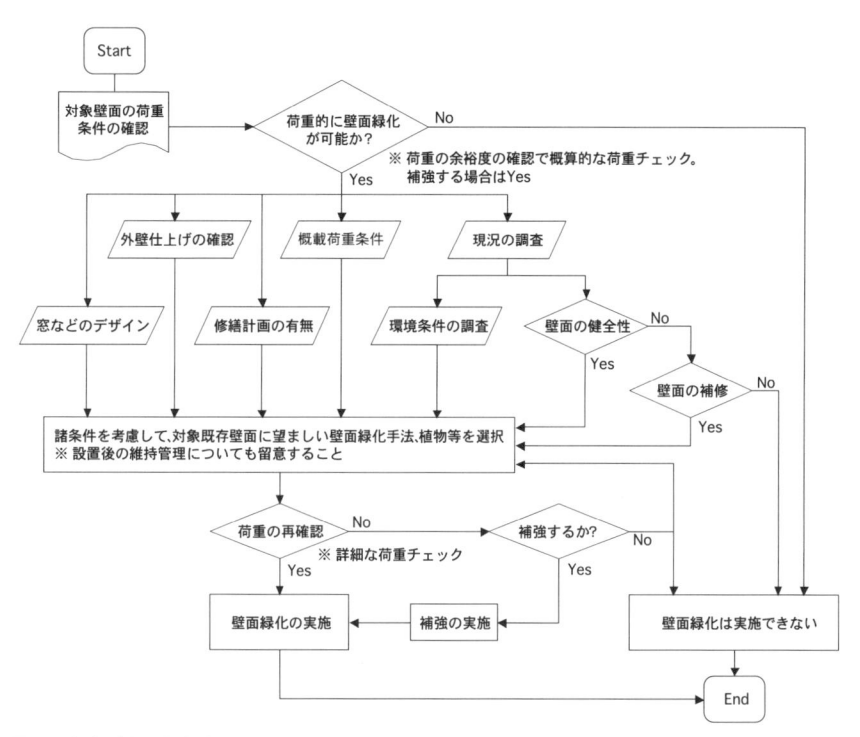

図1　既存壁面を緑化する場合の計画フロー

写真1　個人邸の既存ブロック塀の壁面緑化

写真2　既存建物の壁面緑化

【既存壁面の緑化における留意点】

Q.13 壁面緑化は屋上緑化の義務付け制度の対象緑地として認められるのか。

A. 屋上緑化の義務付け制度を実施している自治体の多くは認めているが、緑化面積の計算方法は自治体によって異なる。

補助資材の面積が10mまで算定可能──東京都

東京都「東京における自然の保護と回復に関する条例」では補助資材の面積がすべて算定できます。ただし、計算できる高さは植栽基盤面から10m（1ヵ所につき）までの制限が付きます。補助資材がない場合は1mまで算定可能ですが、植栽時に1mを超える植物を植栽するときはその長さとすることができます。

[登攀型] 補助資材あり──壁面に設置された補助資材で覆われた面積を緑化面積とし、登攀高さは10m以内（1ヵ所につき）までを算出可能。

[登攀型] 補助資材なし──壁面脇の緑地帯から高さ1m（植栽時に1m未満の場合）として面積算出可能。ただし、植栽時につる植物の長さが1mを超える場合は、その長さとします。

[下垂型] 補助資材あり──壁面に設置された補助資材で覆われた面積とし、下垂高さは10m以内（1ヵ所につき）までを面積算出可能。

[下垂型] 補助資材なし──壁面脇の緑地帯または植栽桝（容量100ℓ以上）から高さ1m（植栽時に1m未満の場合）として面積算出可能。ただし、植栽時につる植物の長さが1mを超える場合は、その長さとします。

補助資材の面積または植物による緑被面積が算定可能──兵庫県

兵庫県「環境の保全と創造に関する条例」では、補助資材の面積または植物による緑被面積を緑化面積に算定できます。

補助資材あり──壁面に設置された補助資材で覆われた面積を緑化面積として算出。

補助資材なし──植栽時につる植物で覆われた面積（長さ×幅）を緑化面積として算出。なお、つる植物の長さが1m未満の場合は、長さを1mとして算出可能。

※建築物上に設けられた植栽基盤は緑地面積に算出できますが、地上部に植栽した場合は植栽基盤を緑地面積に算出できません。

一定面積、高さが算定可能——埼玉県

埼玉県「ふるさと埼玉の緑を守り育てる条例」では、補助資材の面積の9割、補助資材がない場合は高さを1mとして算出した面積に0.9を乗じた値が緑化面積として算定可能です。

補助資材あり——緑化面積＝補助資材で覆われている面積×0.9（建築物上に限ります）【図1・上】

補助資材なし——緑化面積＝当該外壁の直立部の水平投影長さ×1m×0.9（敷地境界のブロック、フェンスなどを含みます）【図1・下】

・補助資材が整備されている場合（建築物上に限る）

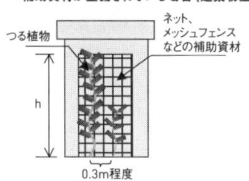

補助資材で被われている面積に0.9を乗じて得た面積が緑化面積となります。
緑化面積＝k×h×0.9
必ずしも完了時に補助資材全体につる植物が被われている必要はありません。

・上図以外の場合（敷地境界のブロック、フェンスなどを含む）

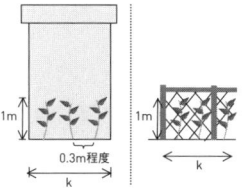

高さ1mとして、水平投影の長さに0.9を乗じて、緑化面積を算出します。
緑化面積＝k×1m×0.9
必ずしも完了時に高さ1m以上である必要はありませんが、1mを超える様に努めてください。
＊ゴーヤや朝顔などの単年植物は、壁面の計算方法による緑化面積として算定できません。

図1　埼玉県・緑化面積算定例*1

補助資材・植栽基盤の面積または植物による緑被面積が算定可能——大阪府

大阪府「大阪府自然環境保全条例」では、下記の方法で算定できます。

① つる植物による壁面緑化（補助資材なし）——緑化面積＝A×1.0m
・植栽時の高さが1mに満たない場合も算定の高さは1mとする。
・緑化した部分が上下に重なる場合は重複して算定不可。
・30cmまでの植栽間隔であれば、連続した延長として認める。

② つる植物による壁面緑化（補助資材あり）——緑化面積＝C1×C2＋D1×D2
・植栽間隔が30cmを超える場合、有効と認める補助資材は、植栽1つにつき、水平延長30cm×補助資材の垂直延長とする。

③ 植栽基盤そのものを壁面に設置する緑化——緑化面積＝植栽基盤の垂直投影面積

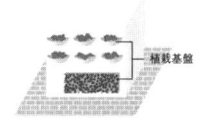

図2　大阪府・緑化面積算定例*2

植栽基盤や緑化資材または植物による緑被面積が算定可能——京都府

京都府「京都府地球温暖化対策条例」では、植栽基盤や緑化資材または植物による緑被面積を緑化面積に算定できます。

地上から壁面に登攀させる緑化、屋上などの壁面の上部から下垂させる緑化の場合——壁面緑化施工延長に高さ1mを乗じた面積を緑化面積に算定できます。

植栽基盤や緑化資材などを用いて、壁面の一定面積を被覆する場合——緑化した資材の垂直投影面を緑化面積に算定できます。

図版出典　＊1 埼玉県みどり自然課「緑化計画届出制度の手引き」／＊2 大阪府環境農林水産部みどり・都市環境室「緑化計画の作成マニュアル」

【緑地としての取扱い】

Q.14 壁面緑化の優遇措置はあるのか。

A. 事業費に対する助成制度が一般的であるが、その他にも緑化による容積率の割増や苗木の配布制度、融資制度などがある。

助成から緑化指導まで——優遇措置の種類

優遇措置の種類には、自治体により助成制度、固定資産税の減免措置、苗木の配布制度、融資制度、コンサルタントによる緑化指導などさまざまなものがあります。これらについては都市緑化機構のホームページ（http://www.urbangreen.or.jp）に資料を掲載しておりますので参照ください。

さまざまな助成制度

多くの自治体で行われているのが助成制度です。助成の対象となるには多くの場合、以下のような要件が必要になります。

対象となる地区・地域

「緑化重点地区内」や「商業地域内」といった対象となる地区・地域に関する要件を付けている自治体があります。緑化重点地区とは、緑の基本計画という市町村が定める計画に位置付けられた重点的に緑化を推進する地区のことです。緑化重点地区内では固定資産税の減免措置を受けることができる緑化施設整備計画認定制度の活用が可能となります。

対象となる建築など

対象となる建築などは、建築物や工作物、ブロック塀などを対象としている自治体がほとんどです。建築物の種別では、特に規定を定めていないか、戸建住宅や事業所を対象としているものが多くなっています。（財）東京都公園協会では、社会福祉施設や病院を中心とした助成を行っています。また、「環境を考慮した学校施設（エコスクール）整備推進に関するパイロットモデル事業」（文部科学省）のように学校を対象とした補助事業も存在します。

対象となる緑化施設

対象となる緑化施設は「植物」「植物の登攀、下垂のための補助資材」「植物の植栽」に対するものなどがあります。このうち植物に関しては「つる植物等」によるものという規定を定めているところが多くあります。基盤造成型などの新しいタイ

プの壁面緑化に活用可能かどうかは、各自治体の運用上の判断によるところと考えられます。

その他の条件

「道路に面していること」「駐車場に面していること」といった条件を付している自治体も多くあります。これは、市民の目にふれる緑の量を増やすことで、緑豊かなまちづくりに寄与することを意図したものと考えられます。

助成金額

助成金額は、事業費の1/2〜2/3と幅があります。基準平米単価(5,000円/㎡)などと緑化面積を掛けたものもしくは実際の工事額の小さいほうの額などとし、一定の限度額を定めているケースが多くなっています。

緑化による容積率の割増

屋上緑化による容積率の割増制度は、総合設計制度などによって都市計画に定められた制限に対して特例的に緩和を行う際、屋上緑化もその評価の対象となる制度です。屋上緑化の面積に応じて建物の容積率の割増を受けることができます。

東京都、大阪府、神戸市などで制度化されています。自治体によって屋上緑化の評価は異なり、緑化率35%を緑化基準値として緑化率の程度によって容積率の増減を図る自治体や、屋上緑化の面積1㎡を公開空地の面積0.2㎡などと評価係数を掛けて換算する自治体、屋上緑化の面積1㎡をそのまま公開空地面積として換算できる自治体などがあります。また、自治体によっては、壁面緑化をカウントしている自治体もあります。

その他の制度

その他の制度として、常緑のつる植物の苗木を配布したり、工事に要する資金に対して、金融機関に融資の斡旋をし、利子および信用保証料の一部を補助する制度があります。また、コンサルタントによる緑化指導を行っている自治体があります。

Q.15 壁面緑化を推進していくにはどのようにしたらよいか。

A. 緑地面積としてのより積極的な評価と公共構造物・施設での壁面緑化の積極的な導入が望まれる。

壁面緑化の緑地としての扱い

　壁面緑化は、日射を遮るとともに壁面の輻射熱を軽減し、壁面の温度上昇を抑制するなどの効果の他、景観形成効果などがあります。また、生垣などの設置が不可能な植栽の幅の狭い場所でも緑化可能で、フェンスの緑化や立体駐車場の壁面緑化などいろいろな場所で使用され、緑のある景観をつくっています【写真1、2】。

　国や地方自治体では、緑化の義務化とともに、助成金を出すなど壁面緑化の普及にも努めています。これらのなかで壁面緑化の緑地としての面積の計上の仕方は、制度によって異なります(自治体による義務付け制度については、Q.13を参照)。

　都市緑地法で制度化されている緑化地域制度は、緑が不足している市街地などにおいて、一定規模以上の建築物の新築や増築を行う場合に、敷地面積の一定割合以上の緑化を義務付ける制度です。この制度では、壁面緑化の植栽延長の長さに高さ1mを掛けた面積を緑地として計上できるようになっています。

　大阪府の屋上緑化の義務付け制度では、2006年4月の制度制定の当初、緑化地域制度の壁面緑化による高さ1mという設定と同様の扱いをしていましたが、2009年7月の改正により、補助資材の面積を計上できるように制度が改正されました。壁

写真1　フェンスの緑化

写真2　ガードフェンスの緑化

面緑化の緑地としての扱いが、より積極的に評価された1つの事例であると考えられます。

緑地面積、接道部緑化としての認可

　つる植物のなかには年に2～3mまで成長するものもあり、10m以上緑化することも可能です。ただし、永続的な緑化では植物とともに土壌が重要で、一般の植込み地と違い、地被植物に対する係数（例えば20%を緑地として認める）などの措置は必要でしょう。

　また、歩道や道路部分に面した接道部の緑化率（接道長さに対する緑化長さ）が用途などにより決められています。しかしながら、商業施設などの場合、出入り口の確保など利用面や安全面などからなかなか接道緑化が取れないことが多く見受けられます。景観形成や歩行者のアメニティ、メンテナンスなども考慮した場合、植込みや高木植栽のみならず、歩行者の壁面緑化も接道緑化に認められると、壁面緑化がより推進されるのではないでしょうか。

公共構造物・施設での壁面緑化のより積極的な推進を

　都市のヒートアイランド現象の緩和に対して、既存の緑地や街路樹の保全、屋上緑化による新たな緑地の創出のみならず、道路のコンクリート擁壁や防音壁、河川のコンクリート護岸などの公共構造物の他、学校や運動施設などの公共施設では壁面緑化を積極的に導入することが求められます【表1、写真3、4】。

表1　公共構造物での壁面緑化

① 道路の防音壁、鉄道の防音壁
② 河川のコンクリート護岸
③ 道路・造成地のコンクリート擁壁
④ ガードフェンス、その他

写真3　道路の擁壁での壁面緑化　　　写真4　学校での壁面緑化

3章

壁面緑化の設計

Q.16 壁面緑化手法にはどのような種類と特徴があるのか。

A. 代表的な壁面緑化手法には、登攀型、下垂型、基盤造成型の3種類があり、設置条件、メンテナンス性、意匠性、コストなどを勘案して緑化手法を選ぶことになる。

3つの壁面緑化手法

代表的な壁面緑化手法には、【図1】に示すような①登攀型、②下垂型、③基盤造成型(壁面前植栽型ともいう)の3種類があります。登攀型および下垂型では、主につる植物が利用されます。壁面への登攀および下垂は、つる植物の付着根(吸盤または気根)、巻きつる、巻きひげ、巻き葉柄などによって行われます。また植栽基盤を壁面に抱かせる形式の基盤造成型では、さまざまな草本類や木本類を利用できます。こ

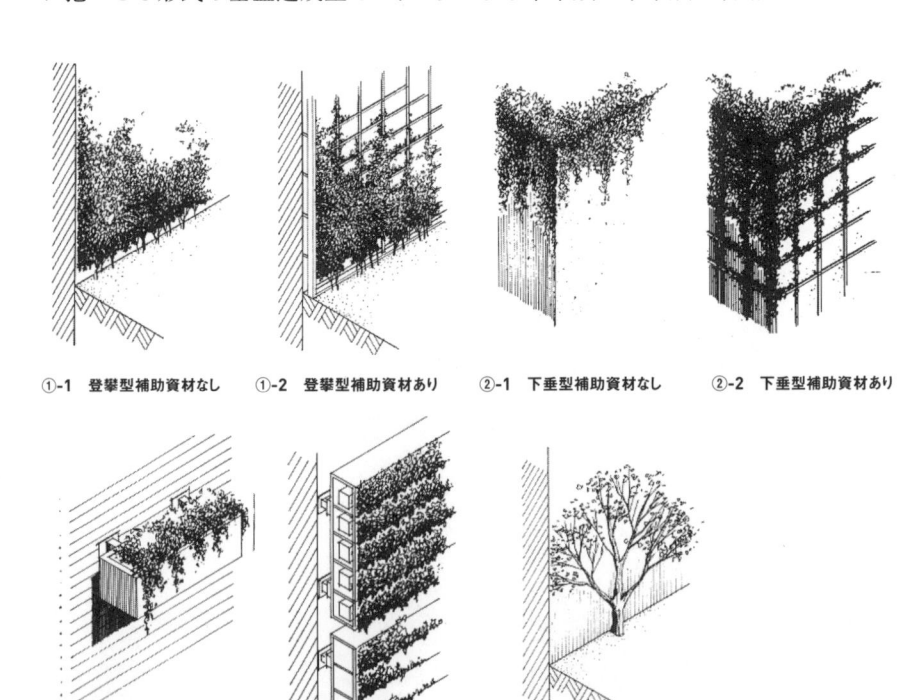

①-1 登攀型補助資材なし　①-2 登攀型補助資材あり　②-1 下垂型補助資材なし　②-2 下垂型補助資材あり

③-1 基盤造成(コンテナ設置)型　③-2 基盤造成(植栽基盤取り付け)型　④ その他(エスパリエ)　図1 壁面緑化手法の種類

の他に金網などで誘引して木本類を壁面に沿って平面的に設えるエスパリエ手法も利用されるようです。

各手法の特徴

壁面緑化手法の特徴を【表1】に示します。これらの手法のなかから、設置条件（壁面前の利用可能スペース有無・広さ）、メンテナンス性（剪定・灌水管理の容易さ）、意匠性（植栽基盤・基盤補助資材・植物などを組み合わせたシステムの美しさ）、コスト（イニシャルとランニング）、構造物の種類（建物、土木系インフラなど）などを勘案して最適な手法を選定することになります。なお、登攀型および下垂型では、壁面緑化の永続性やメンテナンス性をふまえ、露地植え（大地に直接植栽すること）にするのが肝要です。

表1　壁面緑化手法の特徴

壁面緑化手法	特徴
①-1　登攀型補助資材なし	・イニシャルコスト・ランニングコストが安い ・維持管理手間が少ない ・被覆に時間がかかる ・登攀や被覆速度が壁面の素材に左右される ・強風や自重によって剥落することがある
①-2　登攀型補助資材あり	・各種補助資材を壁面に取り付けて登攀させる ・補助資材の使用によりコストアップ ・意匠性を演出できる ・被覆速度を速くでき、剥落を抑制・防止できる
②-1　下垂型補助資材なし	・イニシャルコスト・ランニングコストが安い ・維持管理手間が少ない ・被覆に時間がかかる
②-2　下垂型補助資材あり	・各種補助資材を取り付けて下垂させる ・補助資材使用によりコストアップ ・被覆速度を速くできる
③-1　基盤造成型(コンテナ設置)	・イニシャルコスト・ランニングコストが高い ・豊富な種類の植物を使用できる ・緑化場所が限定される ・大面積には対応できない
③-2　基盤造成型(植栽基盤取り付け)	・イニシャルコスト・ランニングコストが高い ・維持管理手間が多くかかり、灌水量も多く必要 ・大面積には不向き ・早期緑化が可能(引渡し時に緑化も完成している) ・豊富な種類の植物を使用できる ・意匠性が高い
④　その他(エスパリエ)	・緑化が完了するまで長時間を要する ・国内での施工事例が顕著に少ない ・設計者が採用してくれない(知らない)

参考文献　＊1　(財)都市緑化技術開発機構 特殊緑化共同研究会『特殊空間緑化シリーズ2 新緑空間デザイン技術マニュアル』(誠文堂新光社、1996)

Q.17 登攀型壁面緑化手法とは。

A. つる植物を壁面に登らせて緑化する手法で、最も施工事例が多い。登攀形態は「巻きつる型」「付着型」などがある。

最も行われている壁面緑化手法

登攀型壁面緑化は、緑化したい壁面下の地面や人工地盤、プランターなどにつる植物を植え、生長にともないつるを壁面に直接付着あるいは補助資材に付着させ、あるいは巻き付かせて緑化する手法です。他の手法に比べ、ローコスト・ローメンテナンスで施工も簡単なため、最も施工事例の多い壁面緑化手法といえるでしょう。

この手法は植物が壁面を覆うまでに時間がかかることもありますが、植物に適した登攀補助資材を利用することにより生長を促進したり、1〜2m程度に生長させた長尺もののつる植物を植栽することで改善できます。

登攀型壁面手法の種類

登攀型壁面手法は、補助資材の有無や種類によって【表1】のように分類することができます。樹種により適する補助材が異なり、間違った資材では登攀しない場合があります。

表1 登攀型壁面手法の種類

補助資材	適用樹種	特徴
なし 【写真1、2】	ナツヅタ、オオイタビなどの吸着力の強い付着型つる植物	・直接壁面に付着して登攀 ・レンガなどの保湿性や凹凸のある壁面では容易に登攀 ・金属や平滑なコンクリートでは登攀しづらい ・強風や自重で剥離落下することがある
金網、ワイヤなど 【写真3、4】	カロライナジャスミン、スイカズラなどの巻きつる型つる植物など	・金網などに巻きついて登攀 ・窓などの採光が必要な場所にも使用可能 ・生長が早い植物が多いが、反面時間が経つと上部が密で下部が疎な景観をつくることが多い
金網・ヤシ繊維マット併用補助資材 【写真5、6】	主にヘデラ・ヘリックス(西洋キヅタ)、ヘデラ・カナリエンシス、ノウゼンカズラなどの付着型つる植物および巻きつる型つる植物	・マットに付着もしくは金網に巻きついて登攀するので、どんな樹種でも登攀可能 ・設置時から修景、遮蔽、落書き防止、照り返し軽減効果がある

写真1　登攀型壁面緑化事例（補助資材なし）

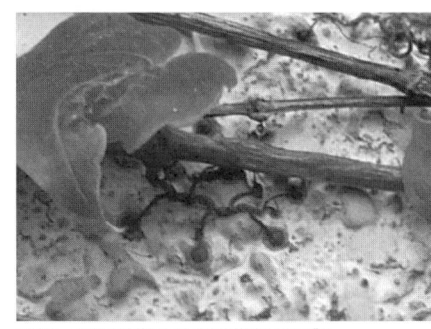

写真2　吸盤で付着して壁面を登攀するナツヅタ

写真3　登攀型壁面緑化事例（金網補助資材利用）

写真4　金網に巻き付きながら登攀するスイカズラ

写真5　登攀型壁面緑化事例（金網・ヤシ繊維マット併用補助資材利用）

写真6　マットに付着根を吸着させて登攀するヘデラ類

【登攀型壁面緑化手法の特徴】

Q.18 下垂型壁面緑化手法とは。

A. 壁面の上部または途中に植栽基盤を設け、
植物を上から下に向かって垂らして壁面を緑化する方法。
比較的イニシャルコストが安く、維持管理に手間がかからない。

比較的イニシャルコストが安い

　下垂型壁面緑化手法は植栽基盤より植物を下垂させて被覆する植栽手法です。つる植物はもとより、ハイビャクシンなどの木本植物を利用することもあります。小規模なものはベランダや空中通路などでしばしば目にすることができます。この手法は比較的イニシャルコストが安く、維持管理にかかる手間が少なくてすみます。また、15年ほど経過したもので、14mほど下垂した例（ヘデラ・カナリエンシス）も見られます【写真1】。

下垂型壁面緑化手法の種類

　一般的に、補助資材を使用するものとしないものがあります【写真1、2】。また、植栽基盤の種類と場所によりいくつかの手法に分かれます。植栽基盤の場所では壁面上部、途中、併用の3種類があります。基盤の場所では設置にプランターを使用する場合と露地植えする方法があり、土壌もいろいろな種類のものが使用されます。補助資材には金網やワイヤ、ネットなどを使用し、材質はステンレスやアルミ被覆鋼線を使用するのが一般的ですが、近年はさまざまな種類のものがありますので材質、色、形、構造、耐久性、設置方法などを十分に検討する必要があります。また例外的に、個人邸や塀などの壁高の低い構造物に登攀型壁面緑化を設けた場合、一番上から折り返したり、塀を乗り越えて下垂を始めたりするものもあります【写真3】。

耐荷重に注意

　よく使用されるヘデラ類など、気根タイプの付着根を有するつる植物でも、下垂型壁面緑化に使用した場合、オオイタビなどを除くほとんどの樹種が気根を出さず、壁面に付着することはありません【写真4】。そのため荷重のほとんどが根に掛かるので、植栽基盤の設置場所など耐荷重を検討する必要があります。また、植物が風に揺られ、壁面にこすれて切れるなど、植物が損傷し生育の妨げになることや、強風や自重で落下することがあるので、必要に応じて補助資材の設置を検討する

必要があります【写真5】。また被覆速度を速めるために登攀型壁面緑化手法と併用することもあります【写真6】。

写真1 補助資材なしの場合

写真2 補助資材(金網・ヤシ繊維マット)がある場合

写真3 塀を乗り越え反対側に下垂した例(オオイタビ)

写真4 壁面に付着していない例(ヘデラ・カナリエンシス)

写真5 補助資材の使用(ステンレス金網)

写真6 登攀型との併用(壁面中段の基盤より、オオイタビ)

【下垂型壁面緑化手法の特徴】

Q.19 基盤造成型壁面緑化手法とは。

A. 植栽基盤と灌水を含めた植栽システムを一体化した手法で高い初期完成度があるが、永続性と共に多様な植物の混植と併せてイニシャル、ランニングの低コスト化が求められている。

永続性と多様な植物の混植、そして維持管理

　基盤造成型壁面緑化手法とは、植栽基盤をパネル、マット、プランターなどの状態で保持し、灌水を含めた植栽システムを一体化した手法です。
　初期完成度が高いことがこの型の基本ですが、それにともないイニシャルコスト、ランニングコストも他の手法に比べて高いことが特徴であり課題です。当初は主に商業施設の外壁のアピール性を高めることでの集客効果を狙った実施が多く見られましたが、最近はいくつかの特徴、傾向があります。
　1つは風や乾燥、病虫害に弱い木本植物を基本にして永続性を追求するもので、樹種としてはフィリフェラオーレア、ハマヒサカキ、ハツユキカズラ、プミラなどがあります。次に多様な植物を混植して、ガーデニング的要素を強く出し、よりアピール性を求めるもので、外壁のみならず、建物の柱や室内でも用いられています。室内においては観葉植物が主体になります。室外では木本のみならず、草本や特に花や色合いのあるカラーリーフなどが多く用いられます。多様な植物を混植することはガーデニングにおける管理が重要であるのと同時に、美しく維持するためのコストは高くなります。自然風な混植は生物多様性に配慮しているとの見方もあります。また、基盤造成型での植物の交換はやや難しいこともあり、小さめの基盤でそのものを交換しやすくしたり、プランターの内部にもう1つ交換用ユニットが入れてあるものもあります。維持管理費が掛かりますが、軽量化していることも特徴です。

多様化する場所とその理由

　使用される場所についても多様化してきています。やはり商業施設や複合施設が多いですが、オフィスビル、集合住宅の玄関口、駅、公共施設などにも採用されています。その理由として、壁面緑化の本来の目的である温度低減効果のアピール、生物多様性の流れ、緑化面積への換算、多種の工法、設計者の新規アピール性などがあります。

求められている課題

　採用されるケースは増えていますが、それにともない不具合による課題も増えています。最も多いのは灌水システムに関するトラブルです。水が多すぎたり、足りなかったり、均一に行き渡らないケースもあります。何らかの原因で灌水システムが切られることもあります。警報装置などでより速やかに対応しなければ大きな枯死につながります。またどの程度永続性があるかも求められている課題です。パネル自体が何年持つのか、全面交換するにはイニシャルコスト以上の費用が必要になります。イニシャルコスト自体も登攀型緑化手法の費用に比べて数倍することから、より安価な工法も求められています。ランニングコストも同様で、低減化と植物の枯れた場合の費用が含まれるのかそうでないかも、採用する事業主や設計者から求められる大きな課題です。今後まだまだニーズの多様化とともに技術開発、コスト低減が求められています。

写真1　ユニット簡易交換型

写真2　マット型・室内

写真3　プランター内部ユニット交換型

写真4　パネル型

Q.20 エスパリエ緑化手法とは。

A. リンゴやナシ・イチジクなどの果樹類で、厚みを持たせず壁に張り付くように形よく這わせた垣根風仕立ての壁面緑化手法の1つ。「エスパリア」ともいう。

エスパリエの定義と歴史

エスパリエ（Espalier）という語源はイタリア語のSpalliera（イスの背もたれ）、フランス語のPau、Aspau（支え・支柱）から来ているといわれています。

建築壁面や塀などの垂直構造物面に平面的に植物を誘引し、厚みの出ないように刈り込む緑化の手法で、造園樹木、つる植物あるいは果樹の枝・つるを緑化対象とし、その誘引に際しては、トレリス・フェンスなどを緑化する面に設置し、これらに枝・つるを絡ませるか、止め金具によって直接緑化対象面に枝・つるを止めるなどの方法が取られます。仕立て方も自然樹形を生かしたものから人工的な形に仕立てるものなど種々の工夫がなされています【写真1】。

歴史的には、古くはヨーロッパで、構造物の防風や蓄熱効果を期待して、果樹などの暖地の植物を栽培する手法として発達してきました。それが修景的な手法の1つとして展開できるように技術開発が進んだ結果、果樹や花木だけでなく一般の樹木で矯(た)めが利く（幹または枝葉を折らないよう、意図する方向へ補助資材に誘引・結束へ導く前工程のこと）ものを修景的に利用する手法へと発展したものです【写真2】。

日本においては、高温多湿な気候と木造建築が主という理由から、歴史的にはほとんど見られなかった手法ですが、植栽手法の1つとして、国内において、もっと多用され、今後大いに活用・普及させたい手法です。

エスパリエに適する植物と植栽条件

萌芽力に優れ、枝張り旺盛でかつ、強度の刈込み剪定・整枝に耐え、さらに鑑賞価値を持つ植物で、比較的枝が上がりにくい樹種が好ましいとされます。

実もの類では、ナシ・リンゴ・ヒメリンゴ・イチジク・キンカンなどの柑橘類、オリーブ・サクランボ・ブドウ・ラズベリー・ブラックベリーなどのキイチゴ類・グミ類など。花木類では、シデコブシ・ヤマボウシ・タイサンボク・フジ・ツバキ類・ピラカンサ・トキワサンザシ・ハナズオウ・ムクゲ・オオデマリ・ボケ・イヌツゲなどがあります。

植栽条件は植物によって異なりますが、基本的には露地植えが好ましいものの、移動などの自由度の高い方法として、将来の仕上がり姿のイメージから少し大きめまたは長めのプランターボックス(植桝)を利用する方法もあります。取り付け方としては、壁面に直接的にアンカー留めを行うか、線材あるいは金属メッシュなどの補助資材を使って間接的に固定するのが一般的です。

写真1　アメリカ・ロサンジェルス、「ロックウッドガーデン」内の石積み擁壁へのエスパリエ(孔雀をイメージ)

写真2　メッシュフェンスに誘引中のヒメリンゴのエスパリエ

写真3　若木植え付け当時(1998年)

写真4　兵庫県立淡路景観園芸学校／ヒメリンゴ(左)・ナシ長十郎(右)のエスパリエ(2009年秋)

参考文献　東京農業大学農学部造園学科・造園用語辞典編集委員会『造園用語辞典』(彰国社、1985)／日本緑化工学会『環境緑化の事典』(朝倉書店、2005)

Q.21 構造物の種類によって、壁面緑化手法は変わるのか。

A. 目的、設置条件、適用期間（永続性）、コストなどによって変わる。

対象構造物

　壁面緑化を行う対象構造物は大別すると、建物、土木系インフラ、展示会や博覧会用などのイベント用独立壁に分類できます。建物の場合では、建物外壁だけでなく、外構、塔屋、室内などの壁面も対象になります。土木系インフラでは、道路・高速道路・橋梁の橋脚・遮音壁・擁壁・河川護岸などが緑化の対象になります。

各種構造物に適した壁面緑化

　建物に壁面緑化を適用する主目的は、屋上緑化と同様に、修景を含めた大都市の環境改善のためです。また建物壁面は建物の顔であり、設計者の最も見せたい部分の1つでもあります。そのため壁面緑化には永続性と意匠性が不可欠になります【写真1、2】。
　壁面緑化の永続性は、植栽基盤の仕様でおおむね決まりますが、とりわけ土壌量が大切な要素です。一般につる植物の生長や永続性は土壌量に依存し、良好な生育状態を維持するには露地植えが最適といえます。露地植えが不可能な場合、植栽プランターの設置ということになりますが、土壌量300ℓ/m程度以上が確保されていれば30年くらいの永続性を確保できるようです[*1]。また意匠性からは、美しい補助資材、植栽基盤(植栽プランター)、植物の組み合わせも望まれています【写真3】。
　これらのことをふまえると、建物に関しては登攀型補助資材あり、下垂型補助資材あり、基盤造成型の壁面緑化が適しているといえるでしょう。また個人邸の場合は、目的・用途によってすべての手法が適用の対象になります。
　土木系インフラにおける壁面緑化の目的も建物と同様です。また土木系インフラの壁面緑化は、公共性が高いため、維持管理費用が安く、永続性が期待でき、かつ大面積緑化に耐えるシステムであることが要求されます。したがって適した緑化手法は、登攀型、下垂型になると考えられます【写真4】。建築限界などの観点から植栽基盤を構造物周辺部に設置できない場合では基盤造成型の適用も考えられますが、大面積を安く、ローメンテナンスで、長く緑化するには基盤造成型は不向きといえるでしょう【写真5】。展示会や博覧会用などのイベント用独立壁緑化の目的は、壁面緑

化の普及・PRや会場の修景などです。その特徴は、特に美しさ（意匠性）が要求されること、設置期間が限定されること、比較的小面積で適用されることなどです。このことから、イベント用独立壁に適した緑化は、基盤造成型といえるでしょう【写真6】。

なお、エスパリエ手法は、生長までに時間がかかることから設計者に敬遠され、国内での適用例は少ないようですが、美しさと永続性を兼ね備えていることから、今後建物の壁面緑化に適用する事例が増えることを期待しています。

写真1　建物壁面緑化のパイオニア（下垂型、補助資材あり）

写真2　建物壁面を全面緑化したもの（登攀・下垂型併用、補助資材あり）

写真3　ステンレス製で意匠性のある補助資材

写真4　道路擁壁壁面緑化（登攀型、補助資材なし）

写真5　枯損した橋脚の緑化（基盤造成型）

写真6　展示会の好事例（基盤造成型）

参考文献　＊1　橘大介他「良好な都市緑化創出のための壁面緑化計画時における留意点」『日本建築学会技術報告集』第17巻、第36号、pp.699-702（日本建築学会、2011）

Q.22 個人邸やバルコニーなど、小規模な場所に向く壁面緑化手法は。

A. コンテナと誘引補助資材を使用し、花や実のなるつる植物を用いた「緑のカーテン」による緑化手法がある。

個人邸での壁面緑化

　窓辺や出入り口部分にコンテナと補助資材のネットを使用し、ニガウリやアサガオなどで緑化する「緑のカーテン」の手法があります。

　木造建造物の個人邸の壁面緑化では、キヅタやナツヅタ、オオイタビなどの壁面に付着するつる植物による建築壁面への緑化は適しません。誘引して緑化するカロライナジャスミンやハゴロモジャスミン、ノウゼンカズラ、フジなどでの緑化が適しています。一般的には、フェンスやコンクリートブロック面、擁壁などの場所、トレリスなどでは、花や実のなるつる植物での緑化が適します。

ベランダでの壁面緑化

　ベランダでは荷重や防水の保護の観点から、コンテナによる緑化とします。一般的にはコンテナと補助資材のネットを使用した「緑のカーテン」が適します。近隣への配慮からノウゼンカズラのように旺盛な植物は適しません。一般的にはアサガオやクレマチスなどの花の咲く植物を植えます。風の影響の少ない場所では実のなるものとしてニガウリなども適します。また、手摺りの内側にハンギングバスケットによる緑化なども適します。ただし、水遣りで階下への水の飛散に注意する必要があります。その他ベランダでの緑化では、転落防止、落下防止、避難経路の確保など安全対策に留意してください。

表1　個人邸の緑化手法と緑化植物（例）

緑化場所	壁面緑化手法	緑化植物
擁壁	下垂緑化	ヘデラ・カナリエンシス、ハイネズ、ビンカ・マジョール、シバザクラ、マツバギク、コバノランタナ、ミヤギノハギなど
	登攀緑化	ナツヅタ、オオイタビ、キヅタ
ブロック塀	登攀緑化	ナツヅタ、オオイタビ、キヅタ
	補助資材＋登攀緑化	ヘデラ・ヘリックス、ヘデラ・カナリエンシス、テイカカズラ、スイカズラなど
	ハンギングバスケット	草花類
フェンス	登攀緑化	ヘデラ・ヘリックス、テイカカズラ、スイカズラ、サネカズラ、ムベ、アケビ、クレマチス、ツキヌキニンドウ、ツルバラ、モッコウバラ、カロライナジャスミン、トケイソウ、ツルハナナスなど
	ハンギングバスケット	草花類
トレリス	登攀緑化	ツルバラ、モッコウバラ、クレマチス、ツキヌキニンドウ、カロライナジャスミンなど
	ハンギングバスケット	草花類
建築外壁	補助資材＋登攀緑化	ノウゼンカズラ、アメリカノウゼンカズラ、カロライナジャスミン、ハゴロモジャスミン、ブドウ、フジ、アサガオ、ヒョウタン、ニガウリ、ヘチマ、フウセンカズラ、ツルハナナスなど
	エスパリエ	ヒメリンゴ、リンゴ、イチジク、ナシ、ブドウなど

表2　バルコニー、ベランダの緑化手法と緑化植物

緑化場所	壁面緑化手法	緑化植物
建築外壁	登攀緑化（コンテナ）	アサガオ、クレマチス、ニガウリ、フウセンカズラなど
フェンス・壁	登攀緑化（コンテナ）	カロライナジャスミン、ハゴロモジャスミン、モッコウバラ、ツキヌキニンドウ、トケイソウなど
	ハンギングバスケット	草花類

写真1　「緑のカーテン」例

写真2　モッコウバラとフジによる緑化

写真3　ベランダの「緑のカーテン」例

写真4　バルコニーの草花による緑化

【個人邸の壁面緑化】

Q.23 立体駐車場の壁面にも緑化はできるのか。

A. もちろん可能。ただし開口部の排煙規制などを考慮すること。

駐車場壁面緑化を推進する意義

駐車場は現代都市において必要不可欠のものです。しかし多くの駐車場は駐車スペースを確保するためのものであり、無機質な建築物が多いようです。このような駐車場の壁面に、緑を取り入れることは、都市の美観の向上、環境改善に非常に意義のあることです。

駐車場壁面緑化の留意点

立体駐車場には、機械式駐車場、自走式駐車場があります。
いずれの駐車場にも、万一の火災に備えて、消火設備の設置や排煙のための開口部の規制があります。例えば、認定プレハブ駐車場では、外周梁下から50cmの部分が開放されていること(①)、建物外周線から1m未満離隔した箇所に準不燃材で外装施工する場合は、梁下62.5cmの部分が開放されており、すべての外装材の見付開口率が80%以上であること(②)、また、建物外周線から1m以上離隔した箇所に準不燃材で外装施工する場合は、梁下50cmの部分が開放されており、すべての外装材の見付開口率が50%以上である(③)必要があります。

このように、柱部や外部階段、駐車場の手すり部の緑化をする場合には開放性の確保が必要です。それ以外の、エレベーターや機械室の緑化の場合はその限りではありません。

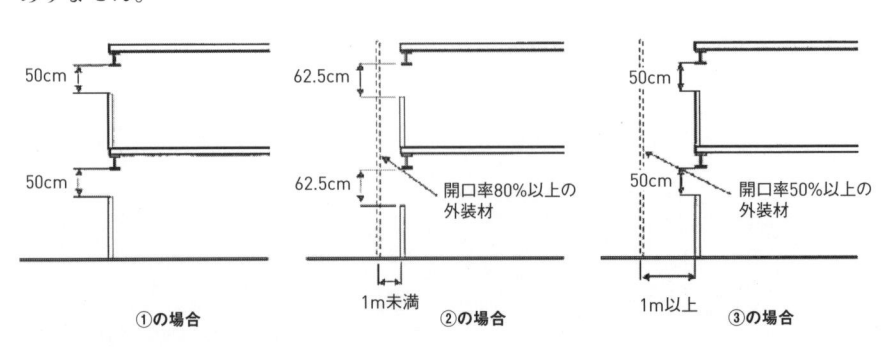

図1 駐車場外周部の開放性*1

維持管理

　駐車場壁面緑化に関する植物管理の内容は、基本的に通常の壁面緑化と変わりません。しかしながら、前述したように、開口部には厳しい規定があります。
　したがって、生育した植物が開口部を覆わないようきめ細かい管理が必要となります。

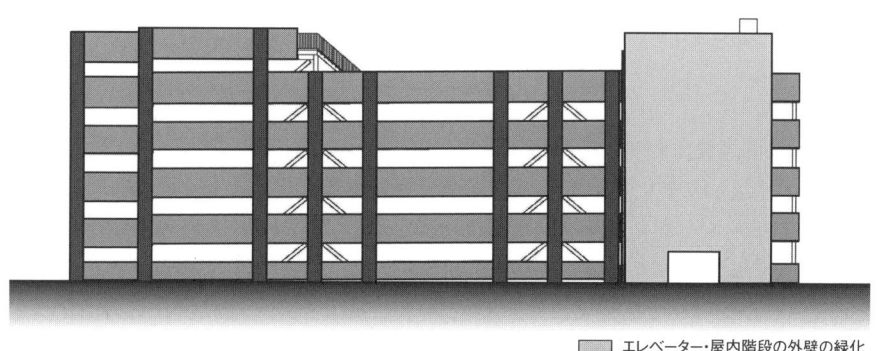

図2　緑化可能部位

凡例：
- エレベーター・屋内階段の外壁の緑化
- 駐車場の手摺り部の緑化
- 駐車場柱部の緑化

表1　各部位に施工可能な工法

植栽位置	植栽位置					
	地上植栽				コンテナ植栽	基盤植栽
	自立登攀型（仕上げ部材に注意）	ワイヤー型	金網型	ヤシ繊維マット	コンテナ＋補助資材	緑化基盤
エレベーター・屋内階段の外壁の緑化	○	○	○	○	○	○
水平方向の緑化	×	×	×	×	○	○
垂直方向の緑化	○	○	○	○	○	○

参考文献　*1　一般社団法人 日本プレハブ駐車場工業会『自走式自動車車庫の開放性について』(2010)

Q.24 壁面緑化と屋上緑化は同時にできるのか。

A. 壁面緑化を利用して積載荷重の小さい工場屋根などの折板屋根を緑化する手法がある。

壁面緑化と屋上緑化を同時に実施する目的・必要性
　工場立地法の改正(2004年3月)により、屋上緑化や壁面緑化などを敷地内の緑地面積として25%まで算入できるようになりました。これにより工場の増改築にともなう緑地の確保を効率良くできるようになりました。一方、工場などで多く採用されている折板屋根は、建物建設の合理化から、一般に積載荷重が小さく設定されるケースが多いようです。このため、既存工場屋根の緑化は、十分な構造補強を実施しない限り、現状ではかなり難しく、対応する技術もありませんでした。こうした背景をふまえ、壁面緑化を利用した新しいタイプの超軽量屋上緑化システムの開発が必要でした*1。

壁面緑化と屋上緑化を組み合わせたシステムの概要
　このシステムは、植栽基盤を地上部に設け、壁面緑化を行いながら、傾斜した屋根部分も緑化するところが大きな特徴です。屋根部分には補助資材と植物しか載らないことから、大幅に緑化荷重を低減できます。緑化にあたっての留意点は、折板屋根上という過酷な条件下での植物の良好な生育という点です。このため屋根面には軽量な補助資材を取り付け、あわせて耐暑性や耐乾性があり、成長速度が速く、かつ水平面に広がっていく植物を選定利用しました。これにより屋根に作用する荷重(生長した植物自重を含む)を約15kg/m²程度に抑えることができ、従来の薄層軽量型屋上緑化システムの1/3〜1/4の荷重で屋根面の緑化も可能になりました。新築建物では固定荷重を最小にでき、既存建物では補強工事を最小限にすることができます【写真1、2】。

壁面緑化を利用した屋上緑化の効果検証
　夏季における屋根面の温熱環境改善効果などが検証されています【写真3〜6】。2007年夏の実測によると、屋根表面の温度が約59℃であったのに対して、屋根植栽下の温度は約39度になり、20℃表面温度を低減できました。また屋根金属板下

に厚さ30〜40mm程度の木質軽量ボード(木屑をモルタルで固めた軽量ボード)が設置された工場室内の天井表面温度を比較しました。その結果、緑化域は、非緑化域に比較して、4℃程度低い値になることが確認されました。したがって壁面緑化を利用した薄層型の屋上緑化によっても、工場内の室内温度はかなり低減できるといえるでしょう。

写真1　壁面部補助資材取り付け状況

写真2　屋根部補助資材取り付け状況

写真3　壁面・屋根部緑化状況

写真4　サーモカメラによる測定結果

写真5　室内天井部測定箇所

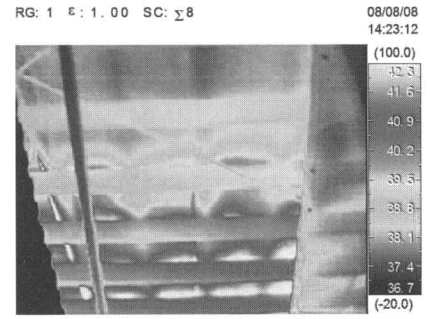

写真6　サーモカメラによる測定結果

参考文献　*1 橘大介他「超軽量工場屋根緑化システム適用への試み」『日本建築学会技術報告集』第16巻、第32号、pp. 411-414 (日本建築学会、2010)

Q.25 仮囲い緑化とは。
またその事例を教えて。

A. 工事現場などで敷地周囲に設置する仮設の鋼板などによる「囲い」を緑化したものである。

仮囲い緑化とは

　建設工事の現場では、敷地の周囲を鋼板などで囲って、安全対策や防音対策を行ないます。高さ2〜4m程度のこの囲いは、工事完了後に撤去されるので「仮囲い」と呼ばれています。「仮囲い」は、現場から現場へと数回使われ、錆びや色彩の不調和など街の景観になじまず、近くを通行する人々に不快感を与えることも多々あります。

　この「仮囲い」の表面をデザインして、街の景観を損なうことなく、安全で美しい環境の中で建設工事を行うための取り組みが実施されています。仮囲いを新しくペイントするだけでなく子供たちの絵やイラストなどを描いたり、美しい景観写真を載せたり、最近では植物を導入して、仮囲いを緑化する工事現場も見られるようになりました。工事中は周辺の人々が四季折々、美しい植物を楽しむことができます。これを「仮囲い緑化」と呼んでいます。「仮囲い緑化」には壁面緑化の技術が活用されています。

仮囲い緑化の設置方法

　仮囲いは、幅50cm、高さ2mの鋼板を並べて工事敷地外周に設置されます。現場の状況によって2段に重ねて設置し、高さが4mもある仮囲いも見られますが、この

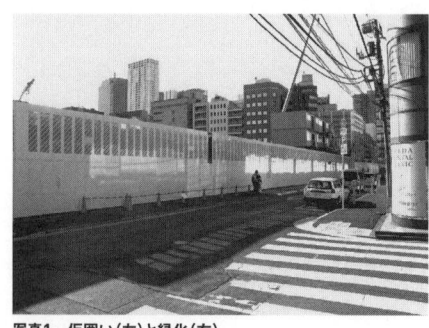

写真1　仮囲い（左）と緑化（右）

鋼板は敷地外周に設置された足場用の鋼管に金物で止められています。仮囲い緑化はこの鋼板の表面または足場用鋼管に直接留め付けて設置されるのが一般的です。

仮囲い緑化は設置された時点でほぼ完成された壁面緑化となっていて、速やかに緑化の効果を発揮する必要があります。緑化基盤造成型【→Q.19】の手法や長尺

写真2　基盤造成型緑化手法による仮囲い緑化

物のつる植物を用いた下垂型、登攀型の手法を採用するとよいでしょう。完成度をさらに上げるため、事前に植物を調達し、緑化パネルなどに植物を植え付けて、十分に養生したものを現場に持ち込んで設置すると緑被の高い壁面緑化が可能になります。

仮囲い緑化のメンテナンス

工事現場では、工事進捗に応じて車両の進入口の変更や工事用給水ルートの変更など、緑化に関係する事項も発生します。仮囲い緑化は移動がたいへんになるので、あらかじめ移動がないように工事計画を立案し、工事計画に変更が出た場合でも速やかに対処できるよう準備をしておく必要があります。

仮囲いは敷地境界に沿って設置されるので、灌水の余剰水が隣地に流れ込んだり、成長した植物が越境しないよう植物の生育を見越して設置位置を決めるとよいでしょう。また、生育した植物は、剪定、刈り込みなどのメンテナンスを行う必要があります。灌水システムの点検も欠かさず行って、植物への給水の状態を確認しておくことも大切です。

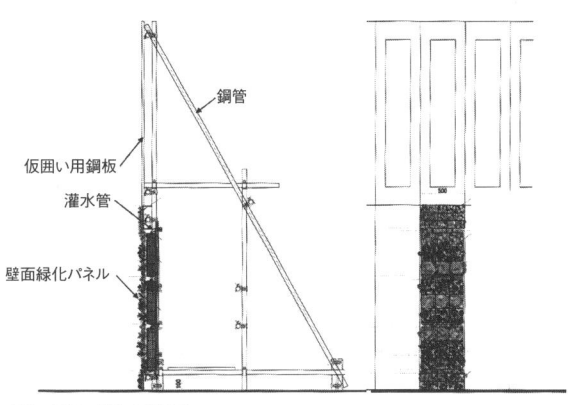

図1　仮囲い緑化の設置例

Q.26 つる植物(主に一年生)を使った 「緑のカーテン」の有効な活用方法は。

A. 「緑のカーテン」は、つる性の植物で窓や壁面を覆い、日射などを防ぎ、室内を涼しく快適に保つ暮らし方の工夫。

緑のカーテンの効果

　窓やベランダを緑のカーテンで覆うことで、日射が部屋の中に降り注ぎ暑くなることを防ぐとともに、壁やベランダの床面から部屋の中に伝わる輻射熱も防ぎ、室内を涼しく保つことができるといわれています。また、ベランダの壁や床のコンクリートなどが熱を溜め込む蓄熱は、夜になっても涼しくならない熱帯夜の要因の1つともいわれており、緑のカーテンはこの「蓄熱」を防ぐ1つの方法として有効と考えられています。また、植物の蒸散作用により温度を下げる効果があることも植物を用いた緑のカーテンの特徴です。暑さ対策とともに、緑のカーテンは植物とふれあい、その成長や美しさ収穫などを気軽に楽しむことができます。

　緑のカーテンといえば、ゴーヤやアサガオが有名ですが、それ以外にもさまざまな植物で緑のカーテンはつくることができます。代表的なところでは、ヘチマ、ヒョウタン、キュウリ、フウセンカズラなどがありますが、スイカやメロン、パッションフルーツなどでも緑のカーテンをつくることができます。自分の育てた植物を収穫して味わうことも緑のカーテンの大きな魅力です。

緑のカーテンを楽しむときに気を付けたいこと

　緑のカーテンをより楽しむために、強風による事故が起きないように配慮することも必要です。また、せっかく「環境に良いことを」と思って取り組むのであれば、使い終わったネットや季節を終えた植物がゴミを増やすことにならないように気を付けたいところです。特にプランターの土は家庭ゴミとしては捨てられないですし、貴重な資源として上手に再生・活用し、環境負荷とならないように緑のカーテンを楽しみましょう。

緑のカーテンから緑のまちづくりへ

　緑のカーテンは、夏を涼しく快適に過ごすため、植物の成長や収穫を楽しむた

め、電気代を安くするため、といった、まずは「自分のため」の取組みとして始めることがほとんどです。しかし、この「自分のため」の活動がどんどん増えていくことで、緑豊かなまちづくりにつながっていくのです。緑のカーテンでまちの緑が増えるということだけではなく、緑のカーテンへの取り組みを介して、私たちが生活する社会や環境、まちづくりについて考える人が増え、また興味や問題意識を共有する仲間づくりにつながるのです。

こうした緑のカーテンの環境教育的効果やまちづくりへの効果などの側面に、多くの行政機関や学校が着目し、緑のカーテンを普及する活動が盛んになってきています。

もちろん、緑のカーテンだけで緑のまちづくりが達成されるものではありませんが、個人が気軽に始められる取り組みとして、緑や環境を考える仲間づくりのきっかけとして、今後もその普及が期待されます。

写真1　工場での緑のカーテン（2011年浜松市）

写真2　緑のカーテン変化版・緑のドーム（2010年新潟県見附市立見附小学校）

写真3　緑のカーテン効果測定実験（2011年昭和記念公園みどりのカーテンエコモニター講座）

写真4　緑のカーテン収穫物調理実習（2011年昭和記念公園みどりのカーテンエコモニター講座）

参考文献　（財）都市緑化基金『都市緑化のてびき』(2010)

Q.27 実証実験のために設置された壁面緑化について教えて。

A. 例えば大面積を速く確実に、かつ経済的に緑化する手法を検討した例などがある。
得られた知見は実際の施工にフィードバックされている。

実証実験の目的

　(財)都市緑化機構 特殊緑化共同研究会では、会員企業研究所内のコンクリート(ALC版)壁面やスレート壁面への壁面緑化実験を行っています。
　網目寸法の異なるワイヤメッシュ補助資材を用い、各種つる植物の被覆速度や緑量などを調査・研究することによって、大壁面を速く確実にかつ経済的に緑化する手法を明らかにすることを目的として実験が開始されました。実証実験により得られた結果を修正・改良することによって、主に大都市域の土木系インフラ(コンクリート土木構造物)への適用が期待されます。

使用植物・構成

　つる植物は、常緑・落葉や花の咲くものなど8種類を選定しています。それぞれ常緑つる植物6種類(ヘデラ・カナリエンシス、ビグノニア、カロライナジャスミン、クレマチス・アーマンディー、スイカズラ、ツルマサキ)、落葉つる植物2種類(ノウゼンカズラ、ナツヅタ)を使用していますが、その中でも付着根系つる植物は、ヘデラ・カナリエンシス、ビグノニア、ツルマサキ、ノウゼンカズラ、ナツヅタの5種類、巻き系(つる、ひげ、葉柄)つる植物は、カロライナジャスミン、ビグノニア、クレマチス・アーマンディー、スイカズラ、ノウゼンカズラの5種類です。植物は露地植えで、土壌にはマルチングを敷き、灌水装置を用いずに実証実験を行っています。
　実証実験に利用した壁面は、コンクリート壁面(ALC版)とスレート壁面の2種類です。最大で幅40m、高さ10mの壁面を緑化するものであり、壁面にはつる植物の登攀補助および強風による剥落防止の目的でワイヤメッシュを付着根系つる植物、巻き系植物いずれにも設置しました。網目寸法は、7.5cm、15cm、30cmの3種類とし、材質は亜鉛・アルミ合金めっき鉄線300g/㎡、アルミ10%含有、太さ4.0mmとしています。

各つる植物の生育状況

　実証実験は6月下旬に植栽完了し、7月から経過観察を行いました。【写真1～3】は実験開始3ヵ月後の写真です。スレート壁面部【写真1】では、ヘデラ・カナリエンシスだけが植栽後1ヵ月程経った8月に日当たりの良い面において25％程度枯れました。一方、北側壁面【写真2】に植栽したヘデラ・カナリエンシスの生育は良好でした。ヘデラ・カナリエンシスは大規模壁面緑化の実績が多く、一般的に日当たりを問わず良く生育しますが、夏場の照り返しの強い時期の施工や水分不足によって他のつる植物に比べ生育不良となる可能性が挙げられます。

　なお、北側壁面部は日射が少ないことからも蒸散する水分量が相対的に少なく、マルチング下の土壌が十分湿っていたため、ヘデラ・カナリエンシスの生育は良好であったものと考えられます。また、スレート壁面部のノウゼンカズラはワイヤメッシュに茎が絡まずにスレート壁面部の凹凸に茎が密着し、付着根によって壁面を登るように生育する傾向がありました【写真4】。表面のざらつきの少ない壁面部においては、付着根タイプの植物は他の壁面部と比べると生育が遅いのに対して、巻きつき型の植物は壁面素材とは無関係の生育状態を示しました。

　実験開始から3ヵ月経過した時点での各つる植物の生育速度は、ノウゼンカズラが圧倒的に速く、次いでスイカズラ、ビグノニアという順番になり、いずれも3mの伸長に達しました。また、実証実験開始から6ヵ月後の12月下旬に計測した結果では、スレート壁面部のノウゼンカズラのつるの長さが4.8mとなり植栽した植物の中でも最大の伸長となりました。

写真1　スレート壁面（実験開始3ヵ月後）

写真2　コンクリート（ALC版）壁面（実験開始3ヵ月後）

写真3　コンクリート（ALC版）壁面（実験開始3ヵ月後）

写真4　ノウゼンカズラ（付着根による登攀）

Q.28 壁面緑化に最適な植栽基盤とは。

A. 露地植えが理想だが、
人工地盤でも壁面1㎡当り50ℓ以上の土壌が必要となる。

大地を利用した植栽

　つる植物を壁面に登攀あるいは下垂させる場合、壁面を早期に被覆し、かつ永続性のある緑化が求められます。植物を健全かつ永続的(10年以上)に生長させるには土壌の広がりのある大地(自然地盤)に植栽すること(露地植え)が最も良い方法といえます。登攀型で大地が利用できる場合は必ず利用しましょう。関東などの火山灰土壌地では保水性が高いので雨水のみでの生育も可能になります。ただし、建物(壁面)近傍の土壌は、コンクリートのアルカリ害や建設残材などが埋まっている場合が多いので、良質な客土(腐植含量が5％以上または5％以上になるように有機質土壌改良材を混入したもの)に置き換えることが望ましいでしょう【図1】。

　特に対象壁面高さが2m以上あるときは良質な土壌でなければ十分な登攀は得られません。しかし、良質だからといって畑土などを利用すると、雑草の種子が混入しており、後の雑草管理が煩雑になるので留意してください。また、排水性にも注意し、水が溜まるような場所や、稀に排水管などの関係で常時滞水するような場所では、別途対策を取る必要があります。な

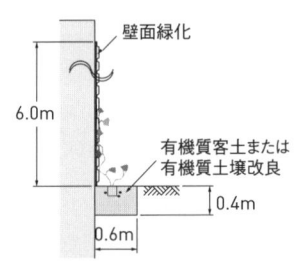

図1　大地を利用した土壌改良例

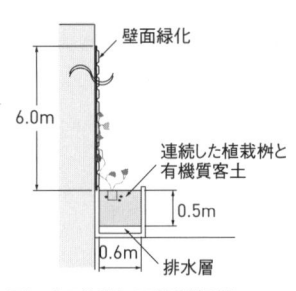

図2　人工地盤上での植栽桝の例

表1　自然地盤における客土量(土壌の置換量)または土壌改良範囲の目安／壁面長さ1m当り

壁面高(m)	客土量(ℓ)	改良幅(m)	改良深(m)
2	90	0.30	0.30
4	160	0.40	0.40
6	240	0.60	0.40
10	400	1.00	0.40
20	800	1.60	0.50

表2　人工地盤における土壌量の目安／壁面長さ1m当り

壁面高(m)	必要土壌量(ℓ)	土壌幅(m)	土壌深*(m)
2	100	0.30	0.33
4	200	0.50	0.40
6	300	0.60	0.50
8	400	0.80	0.50
10	500	1.00	0.50

*排水層を除いた有効土層厚

お、客土材には、つる植物専用の有機質土壌もあるようです。

　自然地盤における客土量または土壌改良の範囲は、壁面高さにより異なりますが、人工地盤上より条件が良いため、次項の人工地盤における土壌の8～9割と考えてよいでしょう【表1】。

人工地盤上での植栽

　人工地盤上では、大地に比べ養分、水分、根張りなどに大きな制約を受けるため、土壌の質および量には十二分に注意が必要です。小さなプランターに植えられた植物は、2～3年でプランター内の側壁に根が回り、生育が衰退したりします【写真1】。

　永続的な壁面緑化では、まず土壌の量が重要で、今までの実績や蒸散量と土壌保水量の関係などから、緑化壁面1㎡当り50ℓ以上が必要と考えられます【表2】。ここでいう緑化面積とは緑被面積のことで、採光を求める窓前などであえて緑被量が少ない場合はその緑被率と考えます。また、特別な管理を行う場合は土壌量を減らすこともできます。植栽桝は、よく見られるような独立したプランターを並べるのではなく、土壌が連続した連結タイプのプランターを利用するか、建設時に現場打ちコンクリートで躯体と一体に成形することをお勧めします。それによって、植物が根回りし衰退したり、灌水ムラや生育ムラがもたらすプランター内の土壌水分の不均衡による生育不良を軽減し、管理を容易にします。

　土壌の質は、屋上緑化のように旺盛な生育を望まない土壌（無機質系土壌）ではなく、保肥力、保水性の高い有機質系の人工土壌が永続性と早期被覆には適しています。これらの目的で混合された有機質系人工軽量土壌の利用がお勧めですが、荷重制限がなければ、保水性の高い火山灰土壌（関東ローム、赤玉土など）に有機質土壌改良材を混合し腐植含量を5％以上にした改良土壌も利用できます。また、人工地盤上の植栽では、灌水設備の設置は必須の条件となります。

写真1　十分な生育が望めない狭小な独立プランター

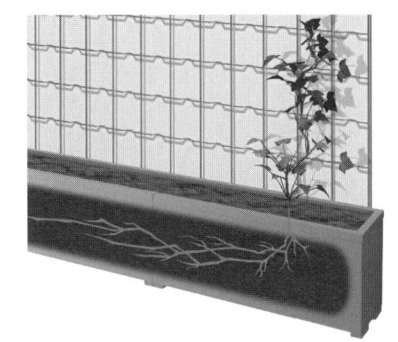

写真2　永続性を持たせるための大型の連結プランター

参考文献　　NPO法人屋上開発研究会・壁面緑化WG企画編集『「美しいまちをつくる」ための壁面緑化』(マルモ出版、2009)

Q.29 コンテナ基盤で壁面緑化を行う場合の留意点とは。

A. 設置位置によっては風荷重を考慮した構造検討が必要となる。施工やメンテナンス方法にも留意したい。

コンテナ基盤の設置位置による緑化樹種の違い

　壁面緑化のコンテナ基盤は、現在多様な形状のものが開発されています。通常のプランター形状のものから、平板状やポット状などがあります。コンテナ基盤の設置位置は、大きく分けると次の3つになります。

　①は比較的大きなコンテナ基盤を設置し、登攀性つる植物を用いて壁面を緑化します。②は壁に取り付け可能な平板状、ポット状の比較的小さなコンテナ基盤を用いて壁面を緑化します。この場合、つる植物以外の植物の導入も可能になります。③は屋上やベランダなどにコンテナ基盤を設置し、下垂性の高い植物を用いて壁面を緑化します。

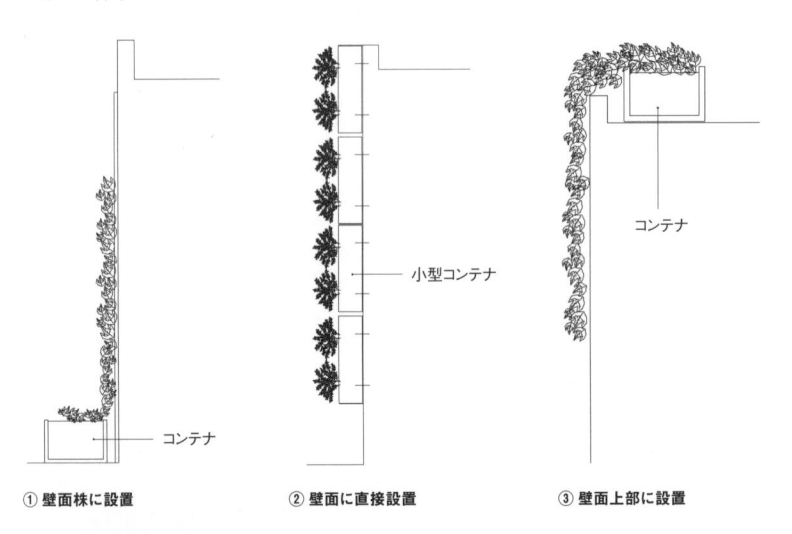

① 壁面株に設置　　② 壁面に直接設置　　③ 壁面上部に設置

コンテナ基盤の設置と風荷重、地震荷重の検討

　前述したように、①と③では植物を大きく成長させて壁面を緑被しなければならないため、十分なコンテナ基盤の土壌量が必要となります。②に関しては、1つの

写真1　コンテナユニットを鉄骨にボルト固定

写真2　風荷重の大きさで強度や固定方法を検討

　植物が緑被する面積は少ないため、土壌量を軽減することができます。しかし壁に直接設置するため、固定方法に対して十分な対策を施す必要性が高くなります。壁面緑化の場合、設置場所の高さや緑化材全体の重量によって、風荷重や地震時の検討を行う必要があります。

コンテナ基盤型壁面緑化の留意点

　留意点としては、取り付け方法の検討が重要であることは前述しましたが、それ以外にも下記のような検討事項があります。
① 水遣り方法と、余剰水の排水方法の検討
② 日照条件や気温による植栽可能種の選定検討
③ メンテナンスを考慮した緑化位置や形状の検討
④ 土壌飛散や植物の落葉などに関する検討

メンテナンスを考慮した設置方法の検討

　コンテナ基盤を用いた壁面緑化において、水遣りは最も重要なメンテナンスとなります。よって多くの場合、自動灌水設備が設けられています。その他にも景観性を維持するためメンテナンスは必要であり、設置計画時から方法を検討しなければなりません。

写真3　高所作業車で表側から作業

写真4　裏側の通路から作業

　壁面緑化のメンテナンスアプローチ方法の事例を【**写真3、4**】に示します。

Q.30 植栽基盤に用いる土壌はどのようなものがあるか。

A. 人工軽量土壌や多孔質の固形基盤などが用いられている。
水分の過多、過少と根の充満や土壌劣化による生育不良が
起きやすいので注意する。

基盤造成型における土壌基盤

　基盤造成型における基盤としては、人工軽量土壌、多孔質の固形基盤、繊維系基盤が多く用いられています。繊維系基盤では不織布に水を流し、樹木に着生植物が生える手法で行っている例もあります。人工軽量土壌ではパーライト、バーミキュライト、ゼオライトなどの無機系多孔質材料、ピートモス、バーク堆肥などの有機系材料、鹿沼土、赤玉などの軽量土壌の組み合わせが多いです。保水性と排水性に優れている必要があります。劣化防止のため炭を入れている例もあります。固形基盤では培土や木屑などを特殊な繊維やウレタンなど独自工夫により固めたものやセラミック系の基盤があります。固形基盤も保水、排水性に優れた上で植物の生育も良好なものでなくてはなりません。軽量で土壌の飛散、汚れが少ない特徴がありますが、紫外線劣化に対する要求も強いものがあります。基盤の性質は灌水量、植物の選定、苗の生産方法(例:同じ基盤材による苗生産)、養生期間、施肥の手法、苗の交換方法などに大きな影響があるため、各メーカーには違い、特徴があります。

土壌量と基盤造成型における不具合の発生

　土壌量による苗の生育差は、植栽後一定の期間を経て差が出てきますが、コンテナ緑化の場合は特に、連続したコンテナか否かにより大きな違いが生じるため、できるだけ土壌基盤を連続させることは有効です。【写真1、2】は本書編著者によるつる植物土壌量実験ですが、植栽後3ヵ月で連結したプランターにおけるカロライナジャスミンははっきりと生育差が出ています。ヘデラカナリエンシスについてはこの時点での差は見られません。

　基盤造成型では水分の管理が最も重要であり、灌水システムは必須です。ドリップの位置、時間と基盤の関係によっては乾燥しやすい部分と滞水しやすい部分の不均一が起きることもあります。特に基盤の下側は滞水しやすい傾向があり注意を要します。コケは噴霧するシステムを用いることもありますが、方位により乾燥に差があり不具合事例も見られます。基盤がどの程度の永続性があるかは各メー

カーともはっきりしていませんが、壁面緑化の永続性に劣化防止は欠かせないものです。

写真1、2　土壌量試験・連結プランターは生育が良い。特にカロライナジャスミン、ヘデラカナリエンシスは初期の差は少ない

写真3、4　地山（左）とプランター（右）の生育差

写真5　灌水の不均一事例

写真6　コケの基盤と噴霧の不具合事例

写真7　基盤劣化の事例

【土壌の種類と性能】

Q.31 壁面緑化用の植物にはどのようなものがあるか。

A. つる植物が主体であるが、基盤造成型では、あまり大きくならない植物を、用途と目的によって使い分けることも可能。

つる植物の留意点

　つる植物緑化においては、登攀か下垂か、また金網などの補助資材を用いるかどうかで植物の選定は異なります。登攀で補助資材がない場合においては、付着型(気根または吸管)の選定となり、種類は限定されます。金網などの補助資材を用いると、付着型に加えて巻きつき型の植物も加わり種類が増えます。その際に、付着型のヘデラを金網に這わせることがよくありますが、誘引が必要で低い高さなら可能なもの、あまり勧められません。目的や用途により、常緑性、花、早期の被覆が求められることがあります。常緑性で花の咲く種としては、ビグノニア、カロライナジャスミン、スイカズラ、クレマチス・アーマンディーなどがあり、トケイソウやモッコウバラも暖かい場所では冬季もかなり葉が残ります。生長の早い種類としては、トケイソウ、ノウゼンカズラ、ビグノニア、スイカズラなどが挙げられます。

　下垂において、高さのある建築物や擁壁ではヘデラ類が多く用いられ、特にヘデラ・カナリエンシスはその代表種であり、15m近く下垂している事例もあります。下垂したヘデラから気根は出ず、壁面に付着はしません。植栽基盤上で株どうしが密になると、急に下垂が早まります。高さの低い土留壁などの構造物においては、つる植物以外の匍匐型の植物も多く使用され、ハイビャクシン類、コトネアスター、ガザニア、ローズマリー、ヒメツルソバなど多くの種類が楽しめます。

基盤造成型壁面緑化の植物

　システムのタイプによって、また用途、目的によりかなり多様な植物が使用されています。プランター型で金網とセットの場合や、プランター自体を隠す場合はつる植物を多く用いますが、構造的に植え付け可能な植物は何でも可能です。こうした多様性がこの型の特徴です。ポイントは景観上の目的と、管理しながらどの程度の期間を同一植物で維持させるかで選定が変わります。できるだけ長期間持たせる場合には、あまり大きくならなく病虫害の少ない丈夫な種でフィリフェラオーレア、ハツユキカズラ、プミラ、ワイヤープランツなどが多く使われています。日陰で

はヘデラ類、ツワブキ、斑入りヤブラン、リュウノヒゲなどが使われています。特に多様な混植の場合ではさらにさまざまな園芸種を含めて用いられています。また室内のケースも増えており、その場合は観葉植物が主に用いられています。

つる植物の質量

　壁面緑化を行う場合、壁面にかかる荷重の観点から、植物がどの程度重くなるかが問題になることがあります。ヘデラヘリックスを植栽後かなりの期間（推定約30年）が経過した壁面緑化植物の質量を測定した例では、単位面積当りの質量は約6kg/㎡（3試料の平均値）でした。植物質量は、条件により大きく変化しますが、その生長を踏まえた質量設定が必要といえます。

表1　登攀、下垂に使用する植物

登攀	付着型	ヘデラ類、オオイタビ類、ツルマサキ、テイカカズラ（巻き付きも）、ノウゼンカズラ、ツルアジサイ、ハトスヘデラ、ツタ、ビグノニア（巻き付きも）
	巻き付き型	カロライナジャスミン、ビナンカズラ、スイカズラ、ムベ、ツキヌキニンドウ、テイカカズラ（付着も）、アケビ、ツルウメモドキ、ナツユキカズラ、キウイ、ミヤママタタビ、トケイソウ、ビグノニア（付着も）、クレマチス類
	寄りかかり型	モッコウバラ、ツルバラ、テリハノイバラ、ピラカンサ
下垂	付着型	ヘデラ類、オオイタビ類、ツルマサキ、テイカカズラ、ノウゼンカズラ、ハトスヘデラ、ツタ、ビグノニア
	巻き付き型	カロライナジャスミン、ビナンカズラ、スイカズラ、ツキヌキニンドウ、ムベ、トケイソウ、アケビ、ツルウメモドキ、ナツユキカズラ、キウイ、ミヤママタタビ
	匍匐型	オステオスペルムム、ダイアンサス類、ヴィンカ・ミノール、ヴィンカ・マジョール、ガザニア、ローズマリー、ハイビャクシン類、コトネアスター、マツバギク、アイスプランツ、アプテニア、ヒメツルソバ、ハナツルソウ

表2　室内や多様な混植で使用されている植物例

室内での使用植物例	カポック、オリヅルラン、タマシダ、トラディスカンティア、ヘデラ、オモト、プテリス、ブライダルベール、ゲッキツ、エレンダニカ、モンステラ、アビス、セローム、ガジュマル、シュスラン、アジアンタム、アロカシア、ドラセナゴッドセフィアーナ、アンセリウム、ビカクシダ
戸外の多様な混植植物例	ロニセラニチダ、リシマキア、ヘデラ類、シマカンスゲ、フイリツワブキ、ツキヌキニンドウ、ハツユキカズラ、ツボサンゴ、フィリフェラオーレア、セトクレアセア、ヒマラヤユキノシタ、ブルーパシフィック、サルカコッカ、エリカカルネア、ベニシダ、オニヤブソテツ、タマシダ、オオゴンカズラ、コグマザサ、オロシマチク、オタフクナンテン、ハマヒサカキ、メギ、ミツマタ、ヤブコウジ、クサボケ、ツルマサキ、ローズマリー、オオイタビ、セダム類、タマリュウ、ポトス、フイリヤブラン、キチジョウソウ、マツバギク、ヒメツルソバ、ベアグラス、フウチソウ、バーデンベルギア、ヘリクリサム、シモツケ、アスパラガス、ノシラン、シロブチヤツデ

参考文献　下村孝、梅干野晁、輿水肇編『立体緑化による環境共生』（ソフトサイエンス、2005）

Q.32 壁面の仕上げ材、補助資材などと植物の相性はあるのか。

A. 植物の登攀形態・種の特性により、壁面の仕上げ材・補助資材・壁面基盤材などとの相性が異なる。

壁面の仕上げ材

　吸盤型、付着根型などのつる植物は、支持材を使用しなくても登攀しますが、その付着力は付着形態、植物種により異なります。付着する壁面の表面が親水性でさらに凹凸がある場合は強固に付着しますが、ガラスなどの平滑なものでは付着できない場合があります。強固に付着できないと予想される場合は、補助資材を設置する必要があります。

登攀補助資材

　登攀補助資材には種々ありますが、面状、格子状、線状のものがあり、それぞれに植物種との相性を考慮して計画します。巻きつる・巻葉柄型の植物では格子の目が粗くても比較的密に被覆されますが、巻き付き型の植物で葉の小さなものでは目の粗さに比例して被覆密度も粗くなります。その相性を、壁面自体の形状を含めて【表1】にまとめました。

壁面基盤材

　壁面に基盤を取り付ける壁面基盤型の場合も、基盤材の形状により適する植物

写真1　伸縮目地に弱く付着 　　写真2　タイルに付着したオオイタビ 　　写真3　格子上部から下垂させたヘデラと誘引したノウゼンカズラ

が異なります。下部、上部から登攀、下垂する場合も含めてその相性を【表2】にまとめています。

表1　登攀補助資材の相性

分類	資材名	壁面自体								面的資材				格子状資材						線状資材			ヘゴ・木・竹材	アンカー一体結束材	パーゴラ・棚
植物形態		ガラスなど	コンクリート	タイルなど	金属	木材	自然石・レンガ積み	軽量ブロック積み	塗装面	パンチングメタル	ヘゴ材、木材	ヤシ繊維マット	不織布	熔接金網	エキスパンドメタル	ひし形金網	樹脂防球ネットなど	木製ラチスなど	竹垣など	金属線材	ロープなど	金属棒材			
吸盤型		○	○	○	○	△	○	△	○	△	△			△	△	△		△	△		△				
付着根型			○	△	△	○	△	○		△	○	○					△				○				△
巻きつる・葉柄型										○				○	○	○	○	○	○	○	○	○	○		
巻き付き型										○															
下垂型														○	○	○									
寄掛型														○										△	
高木・中木																								○	

表2　壁面基盤材の相性

*「地盤」とは、そこから登攀、下垂させ壁面を被覆する方式

分類	地盤*・基盤名	吸盤型	付着根型	巻きつる・葉柄型	巻き付き型	下垂型	寄りかかり型	高木・中木	高い低木	低い低木	高い多年草	低い多年草	高い一年草	低い一年草	草本播種	コケ類	芝類	セダム類
地盤	自然地盤	○	○	○	○			△		△								
	人工地盤	○	○	○	○			△		△								
	コンテナ			○	○			△		△								
壁面基盤	壁面吹き付け															○	△	△
	壁面直付け	△	△			△	△		○		○							
	シート			△		△	△		○		○							
	マット			△		△	△		○		○							
	ブロック・板状			△		△	△		○		○							
	パネル		△			△			○		○							
	受皿・ポケット			○		○												
	ポット差し込み			△		△	△											

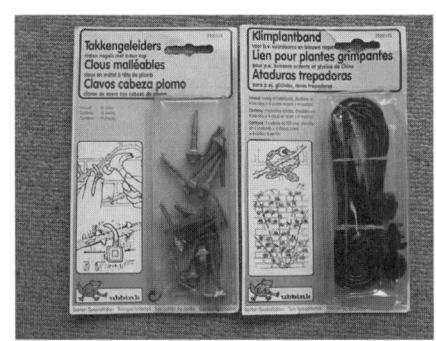

写真4　アンカー一体型結束材

写真5　ポット差し込み型壁面緑化

Q.33 気候の違いなど、地域によって使用する植物は異なるのか。

A. すべての植物にはそれぞれの種により生育に適した温度・土壌水分・日照条件があるため、地域に適合した植物を選ぶ。

最も基本的な生育条件——温度

　温度は植物生育上、最も基本的な生育条件であり、平均温度、最低温度により生育可能な地域が異なってきます。植物耐寒ゾーン地図（最低気温の平均値で日本全国を15ゾーンに分けている）が記載された資料を参照し、計画地がどのゾーンに入るかを確認して計画することが望ましいでしょう。

　大まかなゾーン分けとしては、①北海道東北部（-23.3℃以下）　②北海道、海岸を除く東北地方、中部山岳地帯（-23.3℃～-12.2℃）　③東北地方海岸部、関東以西の内陸部（-12.2℃～-6.7℃）　④関東以西の海岸部（-6.7℃～-1.1℃）　⑤九州最南端、伊豆諸島海岸部、種子島以南（東京都区内、大阪市内などヒートアイランド現象でこのゾーンに入る、-1.1℃～+4.4℃）　⑥奄美、沖縄（+4.4℃以上）となります。記載の最低気温より高い区域であればほぼ植栽可能ですが、①区域の植物を⑥区域に植栽した場合生育が悪くなることもあります。主な壁面緑化用植物を【表1】に示します。

耐乾性のある植物

　壁面緑化では土壌量が限られる場合が多く、屋上同様土壌水分の不足に耐える植物を選定する場合が多くなります【表2】。したがって耐乾性の強い植物、弱い植物を知り、植栽計画での水分状況により植物を選定するか、植物種によっては土壌など基盤を検討する必要があります。

耐陰性のある植物

　壁面緑化では、建物の向きにより日照条件が極端に異なってきます。また、建築物が林立する都市においては他の建物の陰になることも多く、日陰に耐える植物の選定が必要になることがあります。特に花の咲く植物は、耐陰性の弱いものが多いので注意しましょう【表3】。

表1　計画地と植物種

	地域	最低気温	植物種
①	北海道東北部	−23.3℃以下	アケビ、アメリカノウゼンカズラ、スイカズラ、セイヨウツルマサキおよび園芸品種類、ツルアジサイ、ツルウメモドキ、ツルマサキ、ナツヅタ、ナツユキカズラ、ノダフジ、バージニアヅタ（アメリカヅタ）、ホップ
②	北海道、海岸をのぞく東北地方、中部山岳地帯	−23.3℃ 〜 −12.2℃	カザグルマ、キイチゴ類、キウイ、キヅタ、クレマチス・モンタナ、コトネアスター類、サネカズラ（ビナンカズラ）、ツキヌキニンドウ、ツルバラ類、テッセンおよび園芸品種類、ビンカ・マジョール（ツルニチニチソウ）、ビンカ・ミノール（ヒメツルニチニチソウ）、ブドウ類、ヘデラ・ヘリクス（セイヨウキヅタ）および園芸品種類、ヘデラ・コルシカ、ヘンリーヅタ、モッコウバラ、ヤマブドウ、ラミューム、這性ローズマリー
③	東北地方海岸部、関東以西の内陸部	−12.2℃ 〜 −6.7℃	トケイソウ、ノウゼンカズラ、ハゴロモジャスミン、ハトス・ヘデラ、ビグノニア（ツリガネカズラ）、ヒメツルソバ、ヘデラ・カナリエンシス（オカメヅタ）、ムベ、ヤマフジ
④	関東以西の海岸部	−6.7℃ 〜 −1.1℃	アサガオ、イタビカズラ類、ウンナンオウバイ、オウバイ、オオイタビ、カロライナジャスミン、キソケイ、クレマチス・アーマンディー、ツルハナナス、テイカカズラ類、ハーデンベルギア
⑤	九州最南端、伊豆諸島海岸部、種子島以南	−1.1℃ 〜 +4.4℃	クダモノトケイソウ、グレープアイビー類、ディプラデニア、ヒメノウゼンカズラ、ピンクノウゼンカズラ、ブーゲンビレア、マダガスカルジャスミン
⑥	奄美、沖縄	+4.4℃以上	オキシカルジューム、ガーリックバイン、ゲンペイクサギ、ベンガルヤハズカズラ、ポトス、モンステラ

表2　耐乾性と植物

耐乾性	植物種
強い植物	アメリカヅタ、キヅタ、ツルグミ、ツルマサキ類、テイカカズラ類、ナツヅタ、ビグノニア、ブドウ類、ヘデラ類
中間の植物	オオイタビ、キウイ、クレマチス類、ツルバラ類、ノウゼンカズラ、ビンカ・マジョール、フジ、ムベ
弱い植物	アサガオ、ツルアジサイ、ヒョウタン、ヘチマ

表3　耐陰性と植物

耐陰性	植物種
強い植物	オオイタビ、キヅタ、ツルアジサイ、ツルグミ、テイカカズラ、ナツヅタ、ビナンカズラ、ビンカ・ミノール、ヘデラ類、ムベ、ラミューム
弱い植物	アサガオ、クレマチス類、スイカズラ、ツルバラ類、ツキヌキニンドウ、トケイソウ、ノウゼンカズラ、ヒョウタン、フジ、ブドウ類

写真1　セイヨウアサガオ

写真2　ピンクノウゼンカズラ

写真3　ハゴロモジャスミン

写真4　モッコウバラ

写真5　クレマチス・アーマンディー

写真6　ディプラデニア

Q.34 どんなつる植物が登攀型壁面緑化に適しているのか。

A. 付着根で壁面に張り付いて登攀するものや、アサガオのようにワイヤーなどに巻き付くもの、網などに巻きひげで絡まるものなどがあり、登攀資材が異なるので注意する。また、花の咲き方、生長の早さ、耐陰性などの特性も考慮しなければならない。

将来の景観と管理は樹種選定がポイント

　つる植物を生育させて壁面緑化を行う場合、樹種の選定は将来の景観、管理に大きく影響を与えます。多くの場合は、景観の良さと管理の手間は比例し、手間暇かけて管理を行えば美しい壁面は維持できます。【表2】に管理頻度も含めた壁面緑化によく利用されるつる植物の特徴をまとめました。要望の多いものに「花」、「早期被覆」などがありますが、それらを求めると管理頻度は多く必要となります。一般的に生長の早い樹種は、頂芽優勢で先端部のみが生長し、下部の葉は早期に落葉

表1　景観的に優れ比較的管理しやすい混植パターン

番号	植物名	植栽本数(本/10m)	適応壁面	特徴	施工実績
①	ヘデラ・カナリエンシス	25	高さ6m程度まで 北面の方が生育が良い	最も管理が必要なく、一般的	多い
	ヘデラ・ヘリックス	25			
②	ヘデラ・ヘリックス	25	高さ6m程度まで 北面の方が生育が良い	白い斑があり、①より生長が遅いが色どりがある	少ない
	ヘデラ・カナリエンシス・バリエガータ	25			
③	ヘデラ・カナリエンシス	25	高さ4〜10m程度	生長が早く、春に橙花が咲く	多い
	ビグノニア(ツリガネカズラ)	25			
④	ヘデラ・カナリエンシス	48	高さ8〜15m程度 幅5m以上	生長が非常に早く、花が咲く 大柄な景観となる	多い
	トケイソウ	2			
⑤	ヘデラ・カナリエンシス	30	高さ2〜6m程度	春に黄花が咲く 景観維持には適度な剪定が必要	少ない
	カロライナジャスミン	20			
⑥	ヘデラ・ヘリックス	25	高さ2〜6m程度	初夏に小さな白花が咲く 景観維持には適度な剪定が必要	少ない
	テイカカズラ	25			
⑦	ヘデラ・カナリエンシス	25	高さ4〜15m程度	生長が早く、春から夏に花が咲く 景観維持には適度な剪定が必要	多い
	ビグノニア(ツリガネカズラ)	22			
	ノウゼンカズラ	3			
⑧	ヘデラ・カナリエンシス	25	高さ4〜10m程度	生長が早く、春から夏に花が咲く 景観維持には適度な剪定が必要	少ない
	ビグノニア(ツリガネカズラ)	20			
	ツルハナナス	5			

し、剪定をしなければ分枝も再萌芽もしないことが多いです。また、花付きを良くするには、日当たりと適度の剪定が必須です。

最近は、混植の良い事例も増加し、それらの特徴も含め【表1】にまとめました。樹種による生長の速度を考慮し、植栽本数も考慮しました。

表2　壁面緑化でよく利用されるつる植物の特性と登攀資材

区分	植物名	特性						登攀資材*				施工実績
		花	登攀形態	被覆状態の特徴	被覆速度	耐陰性	耐寒性	管理頻度	なし	縦線材のみ	金網	金網+マット	
常緑	ヘデラ・カナリエンシス	△	付着根	全面平滑的　密	△	◎	○	◎	△	×	△	◎	◎
	ヘデラ・ヘリックス	△	付着根	全面平滑的　密	△	◎	◎	◎	△	×	△	◎	◎
	ヘデラ・カナリエンシス・バリエガータ	△	付着根	全面平滑的　密	△	◎	○	◎	△	×	△	◎	○
	キヅタ	△	付着根	全面平滑的　疎	×	◎	◎	○	△	×	△	◎	◎
	オオイタビ	△	付着根	全面平滑的　密	×	◎	△	◎	△	×	△	◎	○
	ツルマサキ	△	付着根	全面平滑的　密	×	◎	◎	○	△	×	△	◎	○
	ビグノニア（ツリガネカズラ）	○	巻きひげ、付着盤	直線的で疎	○	△	△	△	△	○	△	◎	◎
	テイカカズラ	○	付着根、巻きつる	全面平滑的　疎	△	◎	○	○	△	△	△	◎	◎
	ツルハナナス	◎	巻きつる	下部が疎となりやすい	◎	○	△	△	×	◎	○	◎	○
	カロライナジャスミン	○	巻きつる	下部が疎となりやすい	○	○	△	△	×	○	○	◎	○
	ハゴロモジャスミン	○	巻きつる	下部が疎となりやすい	○	○	△	△	×	○	○	◎	△
	ムベ	△	巻きつる	下部が疎となりやすい	△	◎	○	◎	×	○	○	◎	○
	ビナンカズラ（サネカズラ）	△	巻きつる	下部が疎となりやすい	△	◎	○	○	×	○	○	◎	○
	クレマチス・アーマンディー	○	巻葉柄	下部が疎となりやすい	△	△	○	△	×	○	○	◎	○
半常緑	スイカズラ	○	巻きつる	下部が疎となりやすい	◎	△	◎	△	×	○	○	◎	○
	ツキヌキニンドウ	○	巻きつる	下部が疎となりやすい	○	△	◎	△	×	○	○	◎	○
	トケイソウ	◎	巻きひげ	下部が疎となりやすい	◎	△	△	◎	×	○	○	◎	○
落葉	ナツヅタ	△	付着盤	全面平滑的　密	◎	○	◎	○	×	×	△	◎	△
	ノウゼンカズラ	◎	付着根、巻きつる	下部が疎となる	○	△	◎	△	×	○	○	◎	○
	フジ	○	巻きつる	下部が疎となる	◎	△	◎	△	×	○	○	◎	○
	クレマチス類	○	巻葉柄	下部が疎となりやすい	×	△	○	△	×	○	○	◎	○

記号の説明	花	被覆速度	耐陰性	耐寒性	管理頻度	登攀資材	施工実績
◎	観賞性が高く花期が長い	非常に早い	強い	北海道でも可	年1回程度	最適	多い
○	観賞性ある花が咲く	早い	普通	東北以南でも可	年2回程度	適	中
△	観賞性が低いか咲かない	普通	弱い	関東以南でも可	年3回以上	条件により可	少ない
×		遅い				不可	

*登攀資材については、資材のみに自立登攀させた場合を記す

Q.35 補助資材を利用する目的とは。また風荷重をどのように考えるのか。

A. つる植物を早期に被覆させることと、台風などの暴風雨により繁茂した植物の剥離落下を防止すること。風荷重は、つるを引き剥がすように働く負圧の検討を行う必要がある。

登攀の場合

　つる植物は種類によって登攀形態が異なります。その形態や壁面の素材により、壁面緑化用補助資材が必要であり、補助資材の種類も異なってきます。

　ナツヅタ、オオイタビなどは付着力が強く、一般的には補助資材を使わなくても登攀します。しかし、登攀と被覆を早くするためには、壁面を登攀の形態に合ったものにする必要があります。例えば、オオイタビは自然界で樹木の幹に登っていますが、それは樹皮に適度な水分と凹凸があり、つるから出る気根(付着根)にとって吸着しやすいからです。西洋のレンガ壁なども水分と凹凸があり補助資材がなくても容易に登攀できます。一方、建物などのコンクリートやタイル張りの壁は、表面がツルツルしていたり、植物が嫌がるアルカリ性であったり、さらに撥水処理がされていたりして、付着根にとってはあまり好ましいとはいえません。積極的に登攀を促すためには金網・ヤシ繊維マット併用補助資材などを利用することが多いようです。コンクリート面でこの資材を利用しオオイタビとナツヅタを混植して登攀させた結果、6～7割程度被覆率が向上したという報告があります【図1】*1。

　ヘデラ類(西洋キヅタ)は、ナツヅタなどと異なり、付着力が弱く容易には登攀しません。これらの樹種には金網・ヤシ繊維マット併用補助資材が多く利用されています。ヤシ繊維マットは、樹皮のように適度な水分と凹凸があり気根の付着を促進し、金網は、風によるつるの揺れを抑制し生長を促進すると同時に、一度繁茂したつるが暴風雨時などにより壁から剥がれ落下することを防止します【写真1】。

　スイカズラやフジのように巻きつる型の植物は、気根のような付着根がなく、アサガオと同様で巻き付くための棒や紐に相当するものがなければ登攀しません。一般的には金網やワイヤーなどの補助資材を利用します。

下垂の場合

下垂の場合における補助資材の役割は、主に風によるつるの吹き上がり防止と動揺防止です。特に植栽初期では、吹き上がったつるが下垂せずに上部の植栽帯で絡まっている事例が見られ、思ったように下垂しないこともあります。また、つるが常に揺れていると、先端部の生長が抑制されるため、つるの根元や脇から分枝が盛んになり下垂生長が遅くなります。したがって、下垂したつるの吹き上がりと動揺を防止するため、金網などを敷設します。最近は、積極的につるを取り込む捕捉型の下垂資材も利用されています。

風荷重について

風荷重には、壁面を押す正圧と壁面を引張る負圧があります。正圧については、壁面と一体に補助資材が固定されていれば、壁面自体が風荷重を受けるため壁面緑化による風荷重を特に考慮する必要はないと考えられます。壁面から離れている自立タイプや半自立タイプでは、壁面を建築基準法による1つの板状の建築物として風荷重を計算したほうがよいでしょう。

写真1　補助資材がないため剥離落下したヘデラ

負圧については、つる植物が繁茂したときに、強風がどの程度つるを引張るかなどの測定データは今のところありません。しかし、建築基準法では、壁面(屋根葺き材、外装材および屋外に面する帳壁)の風圧力の算出方法が規定されており、負圧を算出することができます。つる植物と補助資材が一体になったものを外装材と考え、同基準で算定された風圧力をもとに補助資材の取付強度などを検討するとよいでしょう。例えば、東京地区の基準風速は34m/s、地表面粗度区分Ⅲ(通常の市街地)のエリアでは、建築物の高さが20mなら、隅角部(最大荷重部)の負圧は1,269Pa(約130kgf/㎡)と算出することができます【図2】。

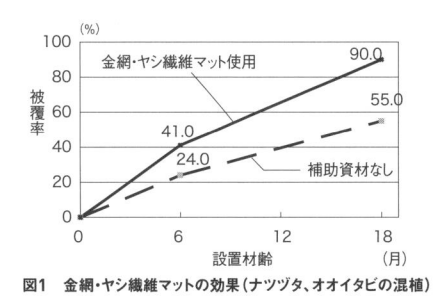

図1　金網・ヤシ繊維マットの効果(ナツヅタ、オオイタビの混植)

図2　建物に作用する風圧力

参考文献　＊1 牧隆・渡辺裕之・柏木秀公・金田尚也「ヤシガラ系登はん資材を利用した各種ツル植物の登はん状況」『造園技術報告集』pp.54-57(日本造園学会、2001)

Q.36 基盤造成型壁面緑化の風に対する安全性は。

A. 風によって発生する荷重(負圧・正圧)に対して
安全性が確保できているか試験により検証する。

基盤造成型壁面緑化に作用する風圧力と安全性

　基盤造成型の壁面緑化は、下垂型や登攀型の壁面緑化に比較して質量が大きい植栽基盤を壁面に設置することから、落下などに対する安全性の確保がきわめて重要になります【写真1、2】。植栽基盤の落下は、施工の不具合などを除けば、主に植栽基盤に作用する風荷重が部材を破断することなどによって引き起こされると考えられます。このため、壁面に作用する風荷重(負圧・正圧)によって発生する植栽基盤(構造部材)の応力が許容応力度以下であることを検証する必要があります。

実験方法

　試験方法は、風洞試験による方法、加圧試験による方法があります。ここでは、試験費用が安く、破壊荷重などから容易に耐荷力や設置条件が算出できる加圧試験法について説明します。例えば植栽基盤ユニットが上部ユニット受けチャンネルに固定され、下部ユニット受けチャンネル内に納まるようなシステムでは、1ユニット部分を切り出し、載荷フレームに設置し、加圧試験を実施します【写真3、4】。試験は負圧方向と正圧方向で行い、変位量を計測しながら載荷していきます。なおこの試験では、載荷荷重の上限を10kN(1,020kgf)とし、変位計は1回までの盛替え、変位量計測は荷重が5kN(510kgf)に到達するまでとしました。

実験結果(安全性の検証)

　実験結果は、【図1】および【写真5】に示すとおりになりました。負圧載荷試験では、植栽ユニットが破断することはなく、かつ下部ユニット受けチャンネルからユニットが脱落することもなく10kN(1,020kgf)まで載荷することができました。この結果から、負圧に対する耐荷力は31.9kN/㎡(3,250kgf/㎡)以上と算出されました。仮に安全率を3とした場合でも、許容耐荷力は10.6kN/㎡(1,080kgf/㎡)以上が確保されていることになります。このことは、都心にある100m級の超高層建物壁面に作用する負圧が概ね3kN/㎡(310kgf/㎡)前後であることから、超高層建物に設置しても安全性

が確保されているということが検証されたわけです（正圧に関する検証も、当然ですが必要です）。

写真1　基盤造成型壁面緑化システムの一例（壁面に固定）

写真2　基盤造成型壁面緑化の施工例（清水建設技術研究所）

写真3　耐風圧性能を実験検証する植栽基盤システム

写真4　載荷実験状況（負圧載荷実験状況）

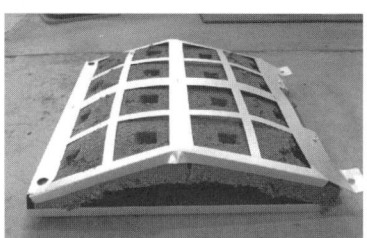

写真5　除荷後の状態（10kN負圧載荷後の状態）

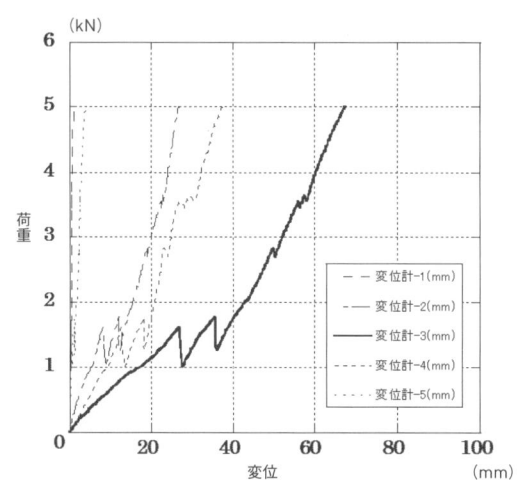

図1　載荷実験結果（負圧）

【基盤造成型壁面緑化の安全性】

Q.37 補助資材にはどのような種類があるのか。

A. ワイヤ、金網、ネット、金網・ヤシ繊維マット併用型などがあり、使用する植物に合った資材を選定・使用する。

つる植物の誘引用補助資材について

　一般に壁面緑化が施工されている箇所は、建物・土木系インフラ・独立壁（自立壁ともいう）などの構造物表面になります。これら構造物を直接植物で覆おうとすると、夏季の躯体表面温度の上昇（50〜70℃程度）により植物の生長が妨げられたり、風により伸長した新芽がすり切れるなどの現象が発生することになります。それらの現象を防止し、より被覆率を高めるためには、緑化用補助資材が必要になります。

写真1　ワイヤ

写真2　溶接金網（ワイヤメッシュ）

写真3　金網＋ヤシ繊維マット

写真4　ヘゴ

壁面緑化用補助資材には、【写真1~4】や【表1】に示すような種類のものがあり、その適用にあたっては、使用するつる植物の種類、壁面の素材、施工条件などをふまえて最適なものを選定しましょう。

表1　つる植物の緑化用補助資材例

名称	種類	特徴
ワイヤ	1×19	素線が太く破断荷重強い。伸びが少なく曲がりにくい
	7×7	一般的なワイヤ。いろいろな用途に使用
	7×19	柔らかく曲げやすいことから斜張りなどの用途に適用
金網	ひし形金網	網目をひし形状に編んだ最も一般的な金網。長さをエンドレスにつくることができ、柔軟性に富む
	溶接金網（ワイヤメッシュ）	線材を縦・横線を直角に配列して、長方形・正方形の網目をつくり、その交点を溶接してつくられる
	クリンプ金網	素線を歯車で均一な波形に加工し、縦・横線を所定の目合に交互に直角に編む。ほぐれにくい
	亀甲金網	金網のなかで最も古く広く一般に使用される。線材をねじりより合わせて網目を亀甲状に編んだ金網
	その他、金網	織金網・フラットトップ金網・ロッククリンプ金網・金網格子・グラスダイヤモンドメッシュ・厚層金網など
パンチングメタル	丸孔	鋼板を丸孔金型で千鳥抜・角千鳥抜・並列抜したものがある
	長孔	鋼板を長孔金型で千鳥抜・直列抜・ヘリンボン・織抜したものがある
	角孔	鋼板を角孔金型で千鳥抜・直列抜したものがある
	その他	ダイヤ目・斜角目・亀甲目・装飾用模様目などの種類がある
ネット	ポリエチレン製（蛙股）	ポリエチレンを主原料にしたものを三つ打で編み、網目を蛙股（有結節）にしたもの。独立した網目構造でほぐれにくい
	ポリエチレン製（無結節）	ポリエチレンを主原料にしたものを三つ打で編み、網目を無結節にしたもの
	プラスチック製	ポリエチレンまたはポリプロピレンを主原料に溶融着製法による連続押出成形したもの
金網・ヤシ繊維マット併用型	登攀マット一体型立体金網	難燃性と耐久性のあるヤシ繊維マットと立体金網が一体化されている。さまざまなつる植物に対応可能。とりわけ付着根型植物に適する
ヘゴ	—	ヘゴ科の木性シダ植物で、茎の周りの不定根を加工してランやつる性の観葉植物の支えとして利用されている
不織布	ポリエステル、ポリプロピレンなど各種	素材は、ポリエステル繊維、ポリプロピレン繊維および合成繊維などでつくられたものが多い。最近、難燃効果のあるものも製造されている

Q.38 ワイヤメッシュ補助資材を使用する場合の留意点とは。

A. ワイヤメッシュの取り付けは、壁面の種類や耐久性を考慮し、固定金具およびワイヤメッシュの線形・材質を選定することが重要である。

ワイヤメッシュ補助資材を使用する場合の留意点

　ワイヤメッシュ補助資材を建物や土木系インフラ・独立壁面（イベント・金属製遮音壁・立体駐車場）など（以下、壁面部という）に取り付ける場合、次の点に留意する必要があります。

① 壁面部の材質と固定金具（アンカー類）
・壁面部がRC版のようなコンクリート部には打ち込み式のアンカーボルトを使用します【写真1】。
・壁面部がALC版や中空壁の場合は、ITハンガータイプのアンカーボルトを使用します【写真2】。
・壁面部が独立壁面のような鉄骨材の場合は、直接鉄骨に溶接するか、鉄骨に開孔してボルトナットで固定します。
・壁面部が木材や石膏ボードのような軟らかい壁面では、スクリュー式のボルトで長時間重量を掛けると壁面部に支障を起こす恐れがあるので、アンカー類の直接施工は避けたいものです。このようなケースでは鉄骨などの支柱を設置し施工することが望ましいでしょう。固定金具はコンクリートや鉄骨などに開孔して設置することから、水漏れや赤錆に対して十分に配慮した施工が必要です。

② ワイヤメッシュの線形・網目および壁面からの距離
・ワイヤメッシュの線形は、植物が生育する大きさ（固体重量）や直射日光によるメッシュの表面温度などにより選定されることが多いようです。一般に生育が旺盛な植物では径4.0mm以上の線形を使用する場合が多く、日当たりの良い場所では線形を細くし（径4.0mm以下）網目を小さくすることも必要です。
・ワイヤメッシュの網目は、植物の性状などによって選定されることが多く、一般的には葉の大きさよりやや大きい程度（50～100mm目）が良いとされています。また、生長の早いつる植物では比較的網目の大きいほう（100～200mm目）が登攀しや

すい植物もあります。
- ワイヤメッシュの壁面からの距離は、使用植物の性状や壁面の種類などにより選定される場合が多く、土木系インフラや鉄骨などの壁面では比較的距離が近く(30～100mm)、建物のコンクリート面ではつる植物の気根や吸盤がコンクリート表面に付着することなどから比較的壁面から離す(100～500mm)場合もあります。なお、付着根タイプのつる植物で壁面緑化を行う場合、ワイヤメッシュ補助資材は一般的に不向きといえますが、強風によるつる植物の壁面からの剥落防止といった観点での利用方法も十分考えられます。ワイヤメッシュの壁面への取り付け金具の例を【写真3、4】に示します。

③ ワイヤメッシュの線材強度
ワイヤメッシュの線材強度は、環境などの諸条件により差異が生じますが、耐食性を十分に考慮して計画・適用することが肝要です【表1】。

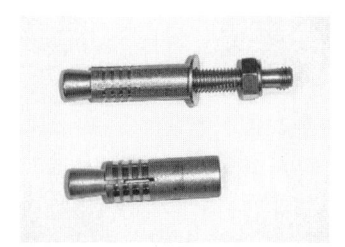

写真1　打ち込み式アンカーボルト

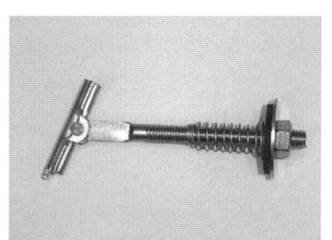

写真2　ITハンガー式アンカーボルト

写真3　取り付け金具例

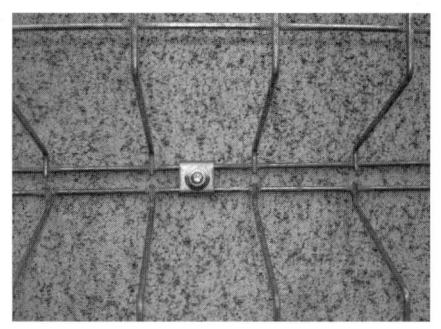

写真4　取り付け金具例2

表1　線材強度の目安

種別	特性(耐食性など)	備考
3種亜鉛めっき鉄線(GS-3)	耐食性:約4年、鉄線の表面に亜鉛めっきがされている	亜鉛付着量*135g/㎡以上
7種亜鉛めっき鉄線(GS-7)	耐食性:約12年、3種亜鉛めっき鉄線に比べ耐食性は高い	亜鉛付着量400g/㎡以上
アルミ被覆鋼線	耐食性:約20年、耐食性に優れ海岸地・寒冷地で多く使用	鉄線の表面にアルミニウムを被覆
亜鉛・アルミ合金めっき鉄線	耐食性:約15年、亜鉛に10%アルミを混ぜた合金めっき鉄線	亜鉛アルミ付着量300g/㎡以上
ステンレス線	耐食性:約20年、硬くて丈夫で加工性がよい。農薬に弱い	一般的にSUS304を使用

*3.2mm線形の場合

Q.39 金網・ヤシ繊維マット併用補助資材を使用する場合の留意点とは。

A. ヤシ繊維マットの耐久性を考慮し、付着型つる植物を早期かつ確実に登攀させる。

金網・ヤシ繊維マット併用補助資材の留意点

　金網・ヤシ繊維マット併用補助資材は、付着型つる植物における登攀の確実性と被覆速度を向上させることを主目的としている資材です【写真1】。付着型つる植物は巻きつる型に比べて、将来にわたり壁面全体を緑の葉で密に覆い、維持管理が比較的容易な樹種が多いといった点が特徴です【写真2】。ヘデラ類などの付着型つる植物は、吸水保湿性に優れたヤシ繊維マットに付着根を吸着させて、金網とマットの間を登攀します【写真3】。金網は、強風や積雪などによる植物の剥離落下を防止するとともに、巻きつる型つる植物を登攀させることができます。そのため、緑化を完成させるまでの期間や将来の景観、維持管理などを考慮して、導入樹種を組み合わせることが大切です。

　ヤシ繊維マットは、つる植物が被覆するまでの期間は形状が維持されなければ、補助資材としての機能が低下してしまいます【写真4】。そのため耐候剤入りで5年程度の耐久性があるものが多く使われているようです。なお耐用年数が過ぎると、ヤシは粉状になり少しずつ植物の間を落下し分解されますので、固まりで飛散したりゴミが発生したりといった心配はありません。また、建物や道路などで使用する場合は、燃えにくい加工を施したものを使用するようにしましょう。

　金網は、建物の壁面ではステンレス材、土木の壁面では溶融亜鉛めっき鋼材が一般的に多く使われるようです。

設置場所の留意点

　金網・ヤシ繊維マット併用補助資材は、付着型つる植物を登攀させることで維持管理をできるだけ省力化させたい場所に多く用いられているようです。窓や換気口の周りにつる伸長防止板の併設や、植栽基盤の表面にマルチング材を敷設して雑草を抑制するなどの手法を組み合わせると、さらなる維持管理の低減が図れます。

　またヤシ繊維マットが併用されていることにより、設置直後から壁面を修景し

たい場所、壁からの照り返しや落書きを防止したい場所にも多く使用されています。逆にマットがあるために光をほとんど通さなくなるので、バルコニーなどの採光を必要とする場所では、全面への設置は避けたほうがよいでしょう。

固定方法の留意点

　補助資材の固定方法は壁面の母材により異なりますが、基本的には躯体が仕上がった上でアンカーなどを用いて取り付けます。壁の塗り替えなど、将来的にメンテナンスを必要とする壁面では、補助資材を取り外すことのできる固定金具を使用しましょう。

つる植物を早期かつ確実に登攀させることが前提

　補助資材は、つる植物を登攀させるためのものに過ぎず、植物が健全に生育しなければ本来の機能は発揮されません。ヤシ繊維マットの耐久性を考慮し、耐用年数が過ぎる頃には壁面全体をつる植物で覆わせるように計画を立てましょう。早期かつ確実に登攀させるためには、植栽基盤の質やボリューム、肥料、樹種選びなどにも重点を置くことが、壁面緑化を成功させる大きなポイントになるでしょう。

写真1　金網とヤシ繊維マットを一体化した補助資材の例

写真2　付着型つる植物（ヘデラ類）を使用した壁面緑化事例

写真3　付着型つる植物の登攀形態（ヤシ繊維マットに付着根を吸着）

写真4　耐久性の低いヤシ繊維マット（つる植物が被覆する前に劣化）

Q.40 壁面緑化に散水設備は必要なのか。

A. 壁面は雨が当たりにくい場所のため、散水設備は重要である。

壁面緑化には水遣りが必要

　屋上緑化に比べて、壁面緑化のほうが散水設備の必要性は高いです。つる植物を地植えして壁面を登攀緑化させる場合でも、壁際は雨が当たりにくいので水遣りの必要性があります。特にコンテナ基盤を利用した基盤造成型の壁面緑化では、ほとんど降雨が期待できないので散水設備は生命線といえます。かつ、植えられた植物全体に均一に水遣りを行う仕組みが重要となります。

散水設備の種類

　壁面緑化の散水設備は、屋上緑化と同様に点滴灌水型ホースを利用した散水設備が最も利用されています。これは、定められた水圧と流量内で、均一に散水を行うことが調整しやすいからです。その他では、ミストスプリンクラーを用いた散水方法もありますが、人通りの多い場所では飛散によるクレームが発生しやすいので、利用できる場所が限定されます。

散水設備の留意点と対策

　散水設備は前述したように、植栽に対して均一に水遣りを行う設備の検討が重要です。また排水される余剰水の処理方法も検討しなくてはなりません。均一に

写真1　比較的水遣りの必要性が少ない地植え型壁面緑化

写真2　水遣りの必要性が重要な基盤造成型壁面緑化

写真3　最も多く利用されている点滴型散水設備

写真4　散水による演出も兼ねたミスト散水設備

水遣りを行うための留意点をまとめると、下記のようになります。

①水圧変化の対応
　　壁面緑化の高低差による水圧変化で、散水量が不均一にならない工夫

②ホース延長距離の確認
　　散水ホースの延長距離によって、両端の散水量が不均一にならない工夫

③一次給水の能力確認
　　元の給水管（一次側給水管）における水圧・水量が、壁面緑化の散水に必要な水圧・水量以上になっているか確認

④排管内停滞水の対応
　　散水の縦配管（メイン管）は、散水以外のときに水が溜まっていると、夏場は温水、冬場は凍結など問題が発生しやすいため、水抜きの工夫を施す

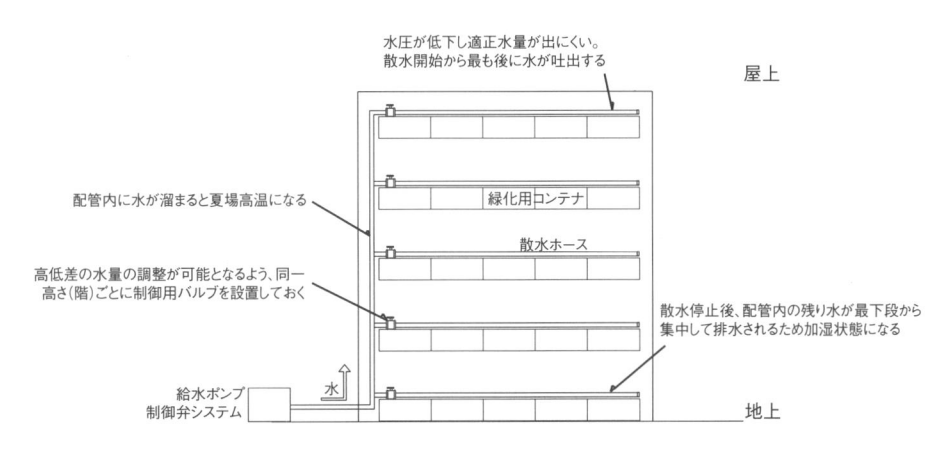

図1　散水設備の注意ポイント

Q.41 壁面緑化はどのくらいの高さまで可能なのか。

A. 実用的には大地（自然地盤）から登攀させる場合20〜30m、人工地盤上に植栽した場合は5〜10m程度と考えられる。

大地から登攀させる場合

　植物学的な樹木の高さの制約には、①幹を強度的に支えられる限界、②土壌中から水を運び上げられる高さの限界という2つの要因が考えられます。つる植物の場合、基本的には他の樹木や建物などに絡まって伸長するため、①の制約は非常に小さいことが推察されます。②については、葉の蒸散により根から水を引き上げられる植物の力を理論的に求めると450mもの高さになります*1。ただし、実際は幹の樹幹流が自然状態で徐々に閉塞したり、そこまで生長する前に環境変化に見舞われるなど、130m程度が植物の樹高の限界と考えられています。日本では台風などの影響もあり、30mを超す樹木もたいへんまれで、樹木などを支持体として生育するつる植物にとっては、登攀する高さにも限界があることが推察されます。

　東京近郊で見られる非常に高くまで生長したつる植物の事例【写真1, 2】を見ると、時間をかければつる植物による登攀は20〜40m程度可能であることがわかります。さらに時間をかければ、50m以上の高さまで登攀する可能性もあると考えられています*2。

　ただこうした事例は積極的な壁面緑化というよりも、良好な植栽基盤（量と質）の存在と、数十年という長い登攀期間が与えられた幸運（建物の改修や見苦しさを理由に取り除

写真1　アパートの給水塔。ナツヅタ（落葉）が高さ30m超まで達している

写真2　高さ22.5mの銭湯の煙突。オオイタビ（常緑）が25年程度かけて煙突全体を被覆

かれることがなかった）から生まれた自然の産物ともいえるでしょう。

一方、実際壁面緑化として行う場合は、数年のうちに壁面が被覆されることが要望されます。さらに、壁面緑化という以上、剪定などの管理が可能で、ある程度美しい景観が維持されることも必要でしょう。こうしたことを考慮すると、登攀による実用的な壁面緑化の高さは、20〜30m程度と考えられます【写真3】。

人工地盤上から登攀させる場合

人工地盤上の場合、限られた根系域という制約から、必然的に登攀高さに限界が出ることが推察されます。建物上に設置できる土量には限りがあり、それにより人工地盤で保持できる養水分量などもほぼ決まってしまいます。したがって人工地盤の場合、実用的な土壌の確保量から考えて、永続性のある壁面緑化としては5〜10m程度と考えられます。

人工地盤と自然地盤を組み合わせることで、20〜30m以上の高壁面を緑化させたり、壁面の被覆速度を早めることも可能です【写真4】。

写真3　大地から最大高さ28mの登攀による壁面緑化をしている建物

写真4　人工地盤と自然地盤を組み合わせることで高さ26mの壁面を早期被覆

参考文献　＊1 鈴木英治『植物はなぜ5000年も生きるのか』（講談社、2002）／＊2 近藤三雄『つる植物による環境緑化デザイン』（ソフトサイエンス社、1997）

Q.42 壁面緑化は、どのくらいの期間でできるのか。

A. 規模と樹種により異なるが、一般に数年は必要。
早期の緑化では、生育の早いつる植物と適正補助資材を用いる。
基盤造成壁面緑化ならば設置時に完成させることも可能。

つる植物の伸長と被覆までの期間

つる植物が1年でどの程度伸長するかは、植栽場所の気象や土壌条件により、また活着後の状態で変わりますが、大まかには【表1】のように分けられます。茨城県での実証実験【→Q.27】、コンクリート（ALC版）壁面の北面での生育試験では、6月下旬に植栽し3ヵ月後の9月下旬には、ビグノニア、ノウゼンカズラ、スイカズラは3mの伸長に達しました【写真1】。補助資材のない打放しのコンクリート擁壁では5年で5m程度の事例もあります【写真2】。早期緑化に生育の早い種類を用いるのは当然ですが、巻き付き型では、補助資材としての金網の規格や、付着型（ナツヅタ、ヘデラ、ノウゼンカズラ、ビグノニアなど）では、壁面の仕上げ状態により大きく左右されます。ざらつきの多い疎面やヤシ繊維マット、目地状の溝では生育が早いです。ヘデラとヤシ繊維マットの相性は良く、長尺のトケイソウとヘデラ、ビグノニアなどで非常に早く伸びた例もあります【写真3】。また登攀と下垂の両方を用いることも早期に緑化するための良い手法です。名古屋市の劇場の例では、ヤシ繊維マットと金網を用い、登攀と下垂により高さ13mの壁面がビグノニア、ノウゼンカズラ、トケイソウ、ヘデラ・カナリエンシス、ナツヅタなどにより約2年で大半が覆われました【写真4】。しかし土壌などの条件により異なるものであり、提案には注意を要します。

基盤造成型による竣工時や早期緑化

基盤造成型の場合は、全面被覆に近い密度や、圃場における生育養生を行っておけば、設置時にほぼ完成形にすることが可能になります【写真5】。しかし、セル苗の場合【写真6】や、冬期の設置においては樹種により植物の傷みが予想され、春先の生育

表1　つる植物の年間伸長量による大まかな分類

早い	3m以上	スイカズラ、サネカズラ、ナツヅタ、ビグノニア、ツルウメモドキ、トケイソウ、ナツユキカズラ、ノウゼンカズラ、フウセンカズラ、フジ、ルコウソウ
中間	2m以上	アケビ、カロライナジャスミン、ツルニチニチソウ、テイカカズラ、モッコウバラ、ヘデラ・カナリエンシス、ヘデラ・ヘリックス、ムベ
遅い	2m未満	オオイタビ、ツルマサキ、各種ヘデラ類

(注) 地域、土壌状態、植栽環境、補助資材により異なる

を待たないと完成形にならない場合もあります。

写真1　つる植物の生育試験（登攀型、下垂型併用・補助資材あり）

写真2　5年で5mの伸長──高架下擁壁・補助資材なし（ヘデラ・カナリエンシス）

写真3　1年8ヵ月で15mの伸長──ヤシ繊維マットと金網（トケイソウ、ヘデラ、ビグノニア）

写真4　2年半で13mの伸長──登攀型、下垂型併用・補助資材あり

写真5　完成時植栽密度の高い事例

写真6　セル苗の事例

参考文献　近藤三雄『つる植物による環境緑化デザイン』（ソフトサイエンス社、1997）

Q.43 壁面の方位は、壁面緑化に影響を及ぼすのか。

A. 方位により日照時間、気温、湿度、風などの環境特性に相違があり、壁面緑化植物の生育に大きな影響を及ぼす。

壁面の方位と植物生育環境

壁面の向き（方位）により、壁面の受ける風力、温度、湿度、照度、日照時間、日射量などに相違があり、植物の生育に影響を及ぼします。

壁面は、夏季の台風や季節風など風の影響を受けやすく、強風で植物が壁面から剥離したり土壌乾燥の原因にもなります。日当たりが良い南向きの壁面は、日差しも強く気温も高くなり、1日の温度差が激しく乾燥しやすい壁面となります。西向きの壁面も、西日が当たり南壁面と似た環境になります。一方、北向きの壁面は日陰となり、日照時間が短く温度が低くなりますが、1日の温度差が小さく乾燥しにくく、南面と比べ環境変化の小さい場所といえます。また、地域によっては冬の冷え込みにより霜害なども受ける場合があります。緑化を行う場合、壁面の高さとともに方位による生育環境の違いを十分に把握しておく必要があります。

壁面の風環境

壁面の風環境は複雑で、風の当たる場所では、上昇風、下降風、渦などが起こり、側面では強い剥離風が吹き、上部ほど風速が強くなります【図1】。それらによって壁面の植物や資材などが飛ばされることを防止するため、緑化支持材の設置などの対策が必要です【→Q.35】。また、風の影響で土壌や植物が乾燥しやすいので、耐乾性のある植物の選択や灌水頻度を高める必要も出てきます。

壁面の温度環境

地上の植栽地のように地下への熱伝導のない壁面の温度は、地上部に比較して

表1　壁面の方位と環境特性

環境圧	南壁面	北壁面
風	台風や季節風による植物の剥離。土壌が乾燥しやすい	
乾燥	日当たりが良く乾燥しやすい	日影となり乾燥しにくい
温度	高温となり、1日の温度差も激しい	南面と比べ気温が低く、温度差も小さい。霜害が懸念される
日照	長い	短い。照度も低い

熱しやすく冷めやすい状態にあります。特に夏季の高温と冬季の低温が問題となります。夏季、直射日光が良く当たる南面のコンクリート壁面の温度は50℃近くに達する場合もあり、日焼けなどにより植物の生育に障害をもたらすことにもなるので、コンクリートや金属類など、熱伝導率の高い材料の壁面では特に注意する必要があります。また、建物の影となる北壁面は冬季に相当冷え込むため、霜害により植物がダメージを受けるので霜対策を行う必要があります。

図1　建物周辺の風の流れ
A:下降流が地上に到達してできる小さな回転流
B:剥離流による強風
C:隙間により収束した強風
D:下降流

壁面の向きと日照時間

壁面の日照時間は方位により大きく異なります。南壁面は日当たりが良く日照時間が長いですが、北壁面は影となり日照時間は極端に短くなります。建築物が林立する市街地では、隣接する建築物との複合日影により、日照時間がほとんどない壁面も出てくるでしょう。【図2】は、幅員約5mの通路両側のバイオラング【→Q.68】壁面中央部の春分・秋分・夏至の日照時間です。西に10数度振れた壁面ですが、夏至において1時間強、春分・秋分においては日照時間はまったくありません。このように春分・秋分の日影図などを作成して壁面の日照時間を確認し、植物選定の参考にすると良いでしょう。また、照度についても壁面の高さごとにチェックしておくとよいでしょう。

以上のように壁面は向きによってまったく異質な環境となります。南壁面は夏季高温となり1日の日照時間が長く乾燥しやすく、午後の強い日差しを受ける西壁面も同様です。北壁面は日照時間が短く冬季には厳しく冷え込みます。これらの環境条件(環境圧)を十分に把握した上で適切な植物を選定し、灌水(方法、時間、水量)、防風や支持材の設置などの壁面ならではの緑化工法を講ずる必要があります。おおむね乾燥しやすく高温で温度差が激しい南壁面や西壁面よりは、日照時間は短いものの、乾燥しにくく温度差の小さい(環境の変化が小さい)北壁面のほうが、植物の生育が良い場合が多いようです【表2】。

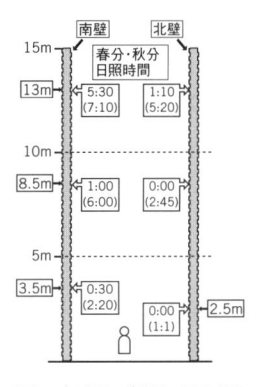

図2　バイオラング壁面の日照時間。( )内は夏至の日照時間

表2　壁面方位と植物の生育

植物	方位	面積(㎠) 登攀	下垂
ツタ	北	9,310	3,974
	南	8,038	3,872
オオイタビ	北	5,914	3,116
	南	6,714	2,639
キヅタ	北	6,686	3,717
	南	5,140	3,970
ビグノニア	北	8,883	2,033
	南	8,251	1,980

参考文献　日本建築学会編『建築設計資料集成』(丸善、1979)／朴容珍、沖中健「壁面緑化用つる植物の登はんと下垂における生育特性に関する基礎研究」『造園雑誌』第53巻、第5号、pp.115-120(日本造園学会、1990)

Q.44 目隠しのために自立型などの壁面緑化を行う場合の留意点とは。

A. 緑化する自立型壁面(構造体)の安全性、目隠し効果と壁面緑化の意匠性がポイント。

自立型壁面緑化を設置する際の留意点
　地上部の目隠しや屋上設備ヤードの目隠しなどを目的として壁面緑化を行う場合、既存壁がないときは、壁面緑化をする構造体(自立壁)をつくることが自ずと必要になります。

構造体・設備の検討
①どのような自立型壁面(目隠し面)にするかの検討。
　壁面緑化の自重・風の影響・地震などを考慮した壁面(構造体)をつくる必要がある場合は、自立できる基礎などが必要となります。常設であれ一時的であれ、安全のための構造検討をしなければなりません。構造検討は専門家に依頼することをお勧めします。【写真1~4】は、常設設置・仮設設置した自立型の壁面緑化の事例です。
②壁面緑化の給水および排水が、設置した場所に与える影響の検討。
③中水利用の検討。
　中水を有効活用する場合は、中水の水質確認、給水システムへの接続方法、排水系統の確認などが必要になります。

植栽計画
①どの程度の緑被率の目隠し面(壁面緑化)を望まれるのか、緑被率の高いものが必要であれば、葉の大きい植栽が葉の小さいものに比べて緑被率が高くなりやすいのでよいでしょう。
②落葉植物を使用する場合は、落葉時において目隠し用として良好な植栽状況であるかの検討が必要です。目隠し目的、メンテナンス面から見て、常緑植物のほうがよいでしょう。
③設置場所の風、気象などが植栽に与える影響からの植栽計画も必要になります。

④ 植物が生育した際に、設置した場所に与える影響を検討した植栽計画も必要です。

修景・意匠性の検討

目隠し用壁面緑化の設置場所の景観・修景・意匠を考慮する場合においてはその景観バランスに合うものを検討して設置します。

メンテナンス方法

目隠し用の壁面緑化のメンテナンスを実施する場合、メンテナンスができる場所であるのか、またメンテナンス方法の検討が必要です。設置する場所・規模・メンテナンス方法によっては、メンテナンス用の足場などが必要になります。

写真1　展示会における壁面緑化（自立壁を仮設物として設置し緑化を施した例）

写真2　駐車場に設置された壁面緑化（構造体を緑化した例）

写真3　建設現場の仮囲い壁面緑化（自立壁の基礎はスチール杭）

写真4　イベントステージ壁面緑化（自立壁はウエイトにて固定）

Q.45 壁面緑化のコストはどのくらいかかるか。ローコスト・ローメンテナンスな壁面緑化の方法とは。

A. 露地植えで常緑のつる植物による壁面緑化がローコスト・ローメンテナンス。

設置場所、資材により異なるコスト

壁面緑化のコストは緑化手法と壁面緑化の設置場所、補助資材や自動灌水ホースの使用の有無などによって違います。

ローコスト・ローメンテナンスな壁面緑化

材料費や施工費、水遣りや植物の成育などを考慮すると、緑化する面を全面緑化するには時間がかかりますが、露地植えで補助資材を使用する登攀緑化はローメンテナンスでローコスト、2〜3万円/㎡で可能です。特に、ヘデラ類やテイカカズラ、カロライナジャスミン、ムベなどの常緑のつる植物では、落葉の問題も少なく、丈夫で維持管理が容易なものがあります。ただし、植栽基盤を良くすることが重要です。

表1　壁面緑化タイプと緑化コストの比較例

壁面緑化タイプ	内容・コスト例
露地植えで登攀または下垂タイプの緑化の場合	主な材料費としては、客土と緑化植物と誘引資材のみでよい。また、自動灌水なども必要とせず、植え付け手間もそれほどかからず安価。つる植物のなかでも植物が限定される。ウォールや擁壁などに適する
	メンテナンスは容易
露地植えで補助資材を使用したタイプの緑化の場合	露地植えで登攀または下垂タイプの緑化の場合のコストに補助資材のコストが必要。いろいろなつる植物による緑化が可能。一般的な壁面緑化
	メンテナンスは容易
コンテナで登攀または下垂タイプの緑化の場合	緑化植物と誘引資材に、コンテナを設置し、自動灌水設備の設置が必要。コンテナと植栽基盤、自動灌水設備費、設置費用、養生費などがかかる。やや高価
	メンテナンスは普通。水道代、灌水設備点検が必要
人工地盤上で補助資材を使用したタイプの緑化の場合	緑化植物と誘引資材に、植栽基盤の造成、自動灌水設備の設置が必要。植栽基盤の造成費用、補助資材、自動灌水設備費、設置費用、養生費などがかかる。やや高価
	メンテナンスは普通。水道代、灌水設備点検が必要
植栽基盤一体型タイプの緑化の場合	緑化植物と植栽基盤ユニット、自動灌水設備が必要。基盤支持材および設置費用がかかる。高価
	植物の植替えなどメンテナンスはかかる。水道代、灌水設備点検が必要

表2 壁面緑化の工法の設計概算コスト比較表例（人工地盤上の場合）

工法	金網補助資材使用タイプ	登攀パネル使用タイプ	植栽基盤取付タイプ	緑化コンテナ取付タイプ
特徴	ステンレス格子の補助資材を壁面に設置し、地上部と屋上に緑化コンテナを配置して登攀植物および下垂植物で緑化。コンテナ部に自動灌水設備設置。緑化に時間がかかる	登攀および下垂用補助のヤシ繊維マットと金網一体の登攀パネルを壁面に設置し、地上部と屋上に緑化コンテナを配置して登攀植物および下垂植物で緑化。自動灌水設備設置	緑化植物と植栽基盤一体のものを壁面に設置し、つる植物や草花などにより緑化。植栽基盤取付型。自動灌水による施肥と灌水。自動灌水設備設置。やや重い。早期の緑化が可能	雨水の貯留と植栽基盤の安定を考慮した階段状のコンテナを壁面に設置し、乾燥に強い植物による緑化。最小限の自動灌水による施肥と灌水。自動灌水設備設置。早期の緑化が可能
コスト例	2〜4万円/㎡ ＋コンテナ費用	4〜6万円/㎡ ＋コンテナ費用	8〜15万円/㎡	8〜15万円/㎡
イメージ写真				

写真1　ローメンテナンスの緑化例

写真2　「緑のカーテン」例

写真3　スイカズラ、ムベなどによる緑化例

写真4　高層ビル屋上の壁面緑化例

4章

壁面緑化の施工

Q.46 壁面緑化を施工するときの留意点とは。

A. 以下のように施工の各段階で留意点があるが、
とりわけ土壌と植栽時期には気をつける。

資材の取り付け時
　新築壁面では、建物外壁施工時に使用した足場が撤去される前に、緑化資材の取り付けが行えるよう事前に協議します。足場撤去後では、既存壁面緑化の施工と同様に、高所作業車などが必要になり、場合によっては再度足場を組むことになります。また壁面への補助資材などの取付けはアンカーで行うことが多く、使用するアンカーと壁面素材との適合性を確認し、アンカー打込み時に発生しやすい不具合にも留意します。不適切なアンカーの使用は、十分な強度を確保できず、壁面からの剥落といった事故を引き起こすことになります。なお壁面緑化施工時の留意点は、【表1】に示すとおりです。

植栽基盤施工時
　人工地盤上などに植栽基盤を製作して植栽する場合、植栽基盤に利用する土壌の量および質には十分な注意を払う必要があります。とりわけ土壌量が不足すると、植栽後数年以上経過しても被覆されない壁面になってしまったり、壁面緑化の永続性を確保できないことになります【土壌の量と質はQ.28参照】。植栽基盤の施工にあたっては次の点に留意しましょう。すなわち、軽量土壌は乾燥すると風で飛散しやすいので、土壌敷設前または敷設時の散水、敷設後のシート養生などを適宜行い、飛散防止に努めることが大切です。

植栽時
　基盤造成型の壁面緑化では、現地で植栽することが少なく、事前に野外で養生したものを基盤と一緒に搬入すればよいのですが、登攀型や下垂型では現地植栽になるため以下の点に留意する必要があります。
　植栽時期——植物にとって植栽時期はきわめて重要であり、とりわけ環境圧の厳しい壁面上や壁面近傍は不適期植栽では著しい生育不良や枯損などの大きな被害が発生します。植栽適期は、東京を標準とした場合、落葉つる植物では3〜4月、常緑

性つる植物では3〜5月および9月になります。また、厳冬期の1〜2月と梅雨明け直前〜8月の植栽は極力避けます。しかしながら不適期の植栽がやむを得ない場合は、寒冷紗などによる保護養生などを検討しましょう。

苗の馴化――長尺ものの圃場育成苗を利用する場合は、温室などの最適環境で生育しているため、いきなり環境圧の厳しい壁面に持ってくると、植傷みや枯損につながります。それらを避けるため、生産者に依頼して、あらかじめ想定される環境圧に近い条件で苗を生育・馴化させるとよいでしょう。とりわけ冬季の植栽では、馴化不十分な苗を利用すると、つるが枯れ戻り、せっかく長尺栽培した苗が無駄になる場合があるので、注意しましょう。

ポット苗の品質――ポット苗は、ポットに十分に根が張っていて、かつポット内に根回り(ルーピング)がないものを選ぶとよいようです。ポットの下の穴から多くの根が出ているような老朽苗やルーピングした苗は、植え付け後の生育が著しく遅くなります。やむなく利用するときはルーピングした根をほぐしてから植栽してください。

固形肥料と灌水――植え付け時は緩効性固形肥料を苗の周りに入れ、十分な水極め灌水を行い、人工地盤上であれば排水孔から水が出るまで灌水を行いましょう。なお灌水当初は、土壌によっては濁水が出る場合もありますので、その養生には十分留意しましょう。

マルチング――植栽後の雑草防止、乾燥防止、土壌の飛散防止などの目的でシート状のマルチングや糊入りのバークマルチなどを施工すると、後の管理が容易になります。

誘引・結束――つる植物は、初期に誘引しないと、つるが壁面にたどり着かず、被覆が遅れることが多く発生します。したがって、つるを紐などの結束帯(腐食性)で補助資材に固定します。このとき、つるが生長して太くなっても結束帯が生長を阻害しないように緩く固定します。結束帯は、麻紐やシュロ縄でも構いませんが、誘引用の粘着テープや紙製のビニタイなどが適度に切れやすくてよいでしょう。つるが短く補助資材に誘引できない場合は、補助資材まで竹竿や園芸用の樹脂被覆鋼管などを使って結束し、誘引するとよいでしょう。下垂型の場合では、壁面天端角部でつる植物が風で揺られすり切れないように壁面天端面をヤシガラや化学繊維のマットなどで養生し、かつ、つるを固定することも必要です。

表1 壁面緑化施工時の留意点

留意項目	留意内容
アンカーの適性	アンカーの種類が壁面素材と適合しているか
土壌の量と質	緑化壁面の面積に対して土壌の量が適正であるか、質は問題ないか
植栽時期	適期に植栽できるか(できない場合は、寒冷紗などの養生を検討)
苗の馴化	温室育ちの苗を急に厳しい環境で植栽していないか(事前養生が必要)
ポット苗の品質	ルーピング(ポットの中での根回り)苗は使用しないこと
固形肥料	1〜2年程度肥効のある緩効性の固形肥料を施用する
水極め灌水	植え付け時は、土壌全体に水分が回るように十分な水極め灌水を行う
マルチング	雑草の繁茂と乾燥を防止するためにマルチングをできるだけ行う
誘引・結束	つる植物のつるは、補助資材に必ず結束する

Q.47 壁面緑化の施工手順(1)
ワイヤメッシュ補助資材を用いる方法とは。

A. 計画寸法でつくられたワイヤメッシュを取り付け金具で固定、連結する。アンカーボルト削孔位置を決める墨出し工が重要。

ワイヤメッシュ補助資材を用いた壁面緑化施工手順

ワイヤメッシュ補助資材を建築物や土木インフラ・独立壁面など（以下、壁面部という）に取り付ける場合の施工手順と施工方法について簡単に【表1】に示します。施工は、施工前（事前調査・準備工）と本工事（仮設工・本施工・後片づけ工）に大別されますが、植栽工事など付帯工事については含まれていません。

表1　ワイヤメッシュ補助資材を用いた壁面緑化施工手順

施工前	事前調査	① 周辺環境調査（近隣特に病院・池・川などの状況）
		② 交通関係調査（現場の交通量・幅員・通学路・規制など）
		③ 気象関係調査（気温・風〔台風・竜巻・方向〕・雪・雨量など）
		④ 保護管理調査（管理時期・回数・コストなど）
	準備工	① 設計図面と現場状況の確認
		② 施工計画・資材の搬入搬出計画の作成
		③ 周辺への事前説明会
		④ 施工計画・資材の搬入搬出計画の見直し修正
本工事	仮設工	① 壁面部の清掃と現場養生工（洗浄水や粉塵など）
		② 仮設足場の設置または高所作業車の設置
		③ 機械・資材などの搬入
	本施工	① 位置出し工（墨出し工）
		② アンカーボルト削孔工
		③ アンカーボルト設置工
		④ ワイヤメッシュ取り付け工
	後片づけ	① 機械・残材などの搬出
		② 壁面部およびワイヤメッシュなどの清掃
		③ 使用した通路などの清掃と補修、確認、工事完了

（注）植栽工事など付帯工事は含まれない

本施工におけるワイヤメッシュの取り付け方法

位置出し工（墨出し工）

　位置出しは、壁面部の清掃・現場養生工が完了してから行う工事で、アンカーボルトの設置箇所およびワイヤメッシュの傾き・全体的なバランスなどを決める重要な作業です。この作業は、レベルなどの測量機械を使用して見やすい水糸（ピアノ線）などで通り（芯）を出し、離れた位置からバランスを考慮して決定すると違和感なく設置できます。

アンカーボルト削孔工

　アンカーボルト削孔は、電気ドリル機（100Vまたは200V）で削孔するのが一般的であり、壁面部によりドリル刃先の種類や長さおよび太さを使い分けます。壁面部がRC版の場合は、削孔深さが30〜70mm程度になる場合が多く、均一な規定長になりにくいことから、ドリル刃先に目印をつけて削孔すると規定の深さを確保しやすいでしょう。また、壁面部がALC版や中空壁などでは、壁面部が柔らかく削孔長が深くなることから力を入れやすくなり、裏面部を崩してしまう恐れがあるので十分注意を払う必要があります。

　ドリルの削孔角度は、将来つる植物などで壁面部に力が掛かる恐れがあることから、できるだけ壁面部に直角になるように削孔することが望ましいでしょう。

アンカーボルト設置工

　アンカーボルトは、雄ねじ用と雌ねじ用があり、ワイヤメッシュ取り付け金具によって使い分けます。また、壁面部がスレートや軽量ブロックなどではスクリュー式ボルトを使用することも可能です。壁面部を削孔することで水が浸透しやすくなるため、削孔部にはゴムパッキンやコーキングなどを施す必要があります。

ワイヤメッシュ取り付け工

　アンカーボルトを設置後、ワイヤメッシュを取り付け金具により固定します。固定の際は、ワイヤメッシュの角度や表裏などを間違えないように設置します。

写真1　ワイヤメッシュ取り付け完了後の様子

写真2　つる植物生育後

Q.48 壁面緑化の施工手順(2)
金網・ヤシ繊維マット併用補助資材を用いる方法とは。

A. 「壁面への資材取り付け」→「植栽基盤の整備」→「植え付け・灌水」の流れが基本。

工事前の準備

　高所作業においては仮設足場や高所作業車が必要です【写真1】。躯体本体工事で使用した足場などが流用できると工期短縮やコスト削減につながります。また補助資材を設置する面に対し、コーナー（変化点）や端部の収まりを考慮して割付図を作成しておくと、材料のロスを最小限に抑え、きれいに仕上げることができます。

　補助資材の搬入後は、水に濡らすとヤシ繊維マットがたわみ、施工精度が低下しますので、雨に当てたり水が溜まる場所に保管しないよう心がけましょう。

　植物材料は植栽工事の直前に搬入し、現場内での保管はできるだけ避けましょう。

金網・ヤシ繊維マット併用補助資材の設置

　補助資材を設置する面に対し事前に位置出し（墨出し）を行うと、金網の目合いが揃ってきれいに仕上がります。また、窓や換気口の周りにつる伸長防止板を使用する場合は、補助資材より先に設置しておきます【写真2】。

表1　金網・ヤシ繊維マット併用補助資材を用いた壁面緑化施工手順

工事前の準備	① 設計図面と現場状況の確認、躯体本体工事との調整
	② 施工計画・資材の搬入計画の策定
本工事	① 仮設足場または高所作業車の設置
	② 位置出し（墨出し）
	③ 壁面への補助資材の設置
	④ 仮設足場または高所作業車の撤去
	⑤ 植栽基盤の整備（プランターの設置、土の入れ替え、土壌改良など）
	⑥ つる植物の植え付けおよび補助資材への誘引結束、施肥、水極め灌水
	⑦ マルチングの敷設（雑草防止、乾燥防止、土壌の飛散防止が目的）
	⑧ 自動灌水の設置（人工地盤などの場合）

取り付け方法は壁面の母材により異なりますが、補助資材を壁に当ててその上からドリルで壁面を削孔し、アンカーを打ち込んで固定する手法が最も多く使用されています【写真3】。固定金具の設置箇所には、必要に応じてコーキング材やパッキンなどで防水処理を施します。

補助資材のヤシ繊維マットは、乾湿により伸縮膨張を繰り返す素材です。そのため、隣り合う補助資材のマットは重ねて仕上げます。マットを突き合わせて設置すると、マットが伸縮した際に隙間が生じて躯体の壁面が見えてしまい、きれいな仕上がりにはなりません。また、つる植物が補助資材の裏側へ入り込まないように、植物が登攀する方向を考慮して張り合わせましょう。

つる植物の植え付け

つる植物を植え付ける際は、金網とマットの間につるを絡ませ、補助資材に結束しておくと、より確実で早期に登攀させることができます【写真4】。結束材は腐食する素材のものを使用し、将来つるが太くなることを考慮してゆるめに結束しましょう。また補助資材の設置を植え付け後に行う場合は、つる植物を踏んで傷めないよう注意が必要です。

写真1　補助資材の取り付け作業（デッキの広い高所作業車を使用）

写真2　つる伸長防止板の取り付け（補助資材の前に設置）

写真3　補助資材の取り付け作業（壁を削孔しアンカーで固定）

写真4　長尺もののつる植物を植栽（金網とマットの間へつるを誘引）

Q.49 壁面緑化の施工手順(3)
基盤造成型の施工方法とは。

A. 基盤の躯体などへの設置や仕上げを考慮しながら
高所作業での効率よい手順を心がける。

事前の準備が特に重要

　基盤造成型の施工方法では工事前の準備が特に重要です。建築側の構造検討や、植栽(パネルやプランター)の躯体などへの設置方法です。事前に仮組み調整も必要です。また標準以外の規格が必要なこともよくあります。工事完了時に植栽が完成に近い状態を求められることも多いため、適正植物の生産や調達・植付け・育成管理養生が必要です。したがって工事前に十分な準備期間を確保することが必要です。

さまざまな取り付け方法

　植栽の取り付けは、独立した支持体を設置して行う場合や、建築躯体の材質などによりさまざまな方法が求められます。アンカー打設の場合は内部の鉄筋位置に注意をする必要があります。アングルや張り出しが大きいアングル、ALC躯体に対する取り付け手法、それらに適合した基盤構造体の調整も必要です。設計から求められる設置面積に合わせるには基盤構造体の規格が標準以外になることもよくあ

表1　支持体を用いた基盤造成型壁面緑化の施工手順の一例

工事前の準備	① 設計図面と現場状況の確認、設置構造体による建築・土木との調整
	② 特に建築躯体との取り付け方法の検討と施工区分調整
	③ 適正植物の調達、基盤構造体への植付け・育成管理
	④ 施工計画・資材の搬入計画の策定
本工事	① H鋼や建築本体の壁面用工事(建築工事)
	② 位置出し、墨出し工事
	③ アンカー打ち込み、アングル、U型鋼工事(建築工事のこともある)
	④ 独立型の場合はその支持体工事
	⑤ 灌水余剰水の排水処理工事
	⑥ 基盤構造体の高所作業車などによる荷揚げ取り付け工事
	⑦ 灌水設備工事
	⑧ 試運転・調整・清掃・工事完了

ることです。

植栽の設置と容易な交換性

植栽はプランター型のように、もし植物に生育不良などが発生しても、植物のみを簡単に交換できる場合は構いませんが、パネルやマット型のなかには植栽そのものを交換しなければならないこともあります。したがって、取り外しが容易な構造でありながら強度を持たせることが必要です。

灌水システムの注意点

灌水システムは基本的に不可欠です。高さによってはタンクやポンプにより水量、水圧を確保する必要があります。下部の植栽基盤ほど水が過剰になりやすいため、高さごとに調整できるシステムにする必要があります。植物種、方位、季節、地域、システムなどにより灌水頻度、水量は異なりますので適正調整をすることが大切です。また異常を知らせるシステムの設置や、施工後の定期観察や維持管理も大切です。

写真1　独立した支持体による事例

写真2　アンカーによる事例

写真3　アングルによる事例

写真4　大アングル事例

Q.50 壁面緑化の施工手順(4)
エスパリエの施工方法とは。

A. 基本的には芯となる枝をつくり、
横枝を水平に伸ばし補助資材に誘引して仕立てる。

補助資材を組み込んだ全体的なまとまり

エスパリエ壁面緑化の施工・管理手順を【表1】に、使用する植物を【表2】に示します。

樹木単体でなく補助資材との組み合わせで作品が完成されるので、補助資材を組み込んだ全体的な景観のまとまりが重要です。補助資材はメッシュ金網、トレリス、フェンスなどが使われます。一例として、【図1】は愛知万博・バイオラングでエスパリエに使用した補助資材を示したものです。

植栽基盤

エスパリエは、主に果樹類が多く使われるため、用土と水やりと施肥が栽培にとって重要なポイントになります。用土の一例としては、赤土、パーライト、ピートモスを4:3:3の割合で混合したものが挙げられます。

ただし、ブルーベリーなど酸性土壌を好むものでは、ピートモスを主体にした用土が適します。つまり、樹木の種類により用土の酸度調整が必要になります。

写真1 ロングウッドガーデンのエスパリエ(アメリカ)

写真2 ロングウッドガーデンのエスパリエ(近景)

表1　エスパリエ壁面緑化の施工・管理手順

施工前の準備	① 設計図面と現場状況の確認、建築との調整
	② 施工計画・資材の搬入計画の策定
	③ 使用樹木の選定と栽培準備
	④ 誘引補助資材の選定
施工手順	① 将来の仕上がりのイメージ
	② 位置出し
	③ 排水層・土壌などの植栽基盤の造成
	④ 誘引補助資材の設置
	⑤ 植え付け
	⑥ 枝の誘引・仕立て
	⑦ 灌水設備工事
栽培管理	① 植え付け時期 高木～低木類の樹木は春・梅雨時に生長し、つる植物は4～9月まで生長するので、3月までに植え付けを終え計画栽培することが望ましい
	② 灌水 水はけのよい用土を使い積極的に灌水。基本的には用土が乾いてから灌水したほうが根が張り生長する。乾かしすぎると芽が傷み生長が止まるため、注意が必要
	③ 病害虫防除 病害虫の発生の有無にかかわらず、4～9月までは定期的（月2回）に薬剤散布で防除。特に新芽の展開時・梅雨期・夏期は注意する
	④ 施肥 生長を促すため、緩効性肥料を元肥として施す（180～360日タイプのものがよい）。1月に寒肥、6・9月に追肥を施す
	⑤ その他 ビニールハウス内での栽培は、梅雨明け後に寒冷紗（遮光率50～60％）を屋根部にかけ、ハウス内が高温にならないよう管理。10月に入ってから寒冷紗を外す

表2　使用する植物

果樹類	リンゴ・ヒメリンゴ・ナシ・イチジク・モモ・アンズ・キンカンなどの柑橘類・オリーブ・サクランボ・ブドウ・ブルーベリー・ラズベリー・ブラックベリーなどのキイチゴ類・グミ類
花木類	シデコブシ・ヤマボウシ・タイサンボク・フジ・ツバキ類・ピラカンサ・トキワサンザシ・ハナズオウ・ムクゲ・オオデマリ・ボケ・イヌツゲなど
つる植物	ツルバラ・ナキヅタ・ムベ・ビナンカズラ・ナツヅタ・アケビなど

写真3　ウエスト・ディーンガーデン（イギリス）

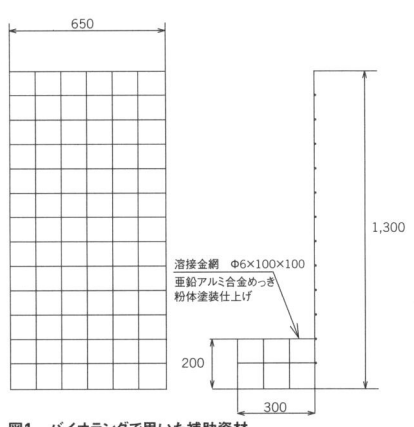

図1　バイオラングで用いた補助資材

5章

壁面緑化の維持管理

Q.51 壁面緑化の維持管理方法とは。

A. 日常の管理にて生育不良な植物をいち早く見つけ、対処することが必要。

灌水管理の必要性

　壁面緑化用植物を露地植え（雨の当たる戸外の自然地盤に直接植栽すること）にした場合、異常な日照りが続かない限り、灌水は特に必要ではありません。一方人工地盤上に植栽基盤をつくる場合は、土壌量が少ないことや植物の生長とともに植物からの蒸散量が増加するため、上水道水などによる灌水が必要になります。とりわけ土壌量が少ない基盤造成型の壁面緑化では、降雨のみではほとんど枯死してしまうケースも見受けられます【写真1、2】。灌水管理方法は、タイマー付き自動灌水装置で一般的に行われています。この場合、灌水間隔や灌水時間の設定値は、植物の生長や季節に応じて変更する必要があります。また土壌の乾燥しすぎや過湿害を未然に防止するため、土壌水分計などを用いる場合もあります。これら灌水設備は、稼働状況を定期的に点検する必要があります。さらに人工地盤上では、ルーフドレンの清掃・点検を行い、排水不良を起こさないように留意する必要もあります。

植物の維持管理

　植物の維持管理項目としては、①整枝・剪定・誘引、②施肥、③除草、④病害虫対策、⑤枯損時の補植があります。

　つる植物では、つるを壁面や補助資材に誘引・結束したり、剪定するなどして、登攀や下垂時の生長を促す必要があります。つるを結束する際は、幹太りの早い樹種では、結束帯が幹に食い込んで生長を阻害しないよう留意します【写真3】。壁面全面が被覆された後は、過度に伸びたつるを年に1～2回整枝・剪定します。植物によっては下部の枝葉が枯れ上がり、緑被率が低下するものがあります。枯れ上がりがひどい場合は、根元より切り戻し、つるを更新します【写真4】。

　施肥は、保肥力のある土壌に十分な緩効性固形肥料を施しておけば、2年程度は必要ないでしょう。葉色が淡く、生長が悪いようであれば、適宜固形肥料を追肥することを検討します。土壌量が比較的少ない人工地盤上の植栽では、根詰まり（ルーピング）を起こしやすいといえます。根詰まりが生じている場合は、冬季に根切りお

よび施肥を行うとよいでしょう。

　雑草の種子が混入してない客土や土壌表面にマルチング材を施工しても、苗の土壌から雑草が発生します。雑草は生長すると除草が容易でなくなるため、生長前にこまめに除草します。また繁茂した雑草は、養分や水分を奪い、植物の生長を阻害するので注意しましょう。

　つる植物は病害虫に強いものが多く、健全に生長していればそれほど問題になりません。病害虫が発生した場合は、薬剤散布などにより対処することになります。樹種によっては、時期とともに自然消滅する害虫もあり、そのまま放置しても支障のないものもあります。代表的な病気としては、うどんこ病、さび病などがあり、害虫としては、アブラムシ、カイガラムシなどがあります。

写真1　大半のシステムが枯死した道路橋の壁面緑化

写真2　枯死した道路橋の壁面緑化（近景）

写真3　結束帯が食い込んだ状態（ノウゼンカズラ）

写真4　壁面下部が枯れ上がった状態（スイカズラ）

【維持管理上の留意点】

Q.52 水遣り管理はどのように行えばよいか。

A. 壁面はアプローチしがたい場所のため、「自動灌水管理」で行うことが多い。

自動灌水タイマーによる散水管理

雨の当たりにくい壁面緑化では、水遣り管理は重要です。しかし手撒き散水では困難な場所が多いため、ほとんどは自動灌水タイマーを用いる水遣り管理を行っています。自動灌水タイマーは電気で作動しますので、利用電源によって主に次の3種類に分かれます。それぞれ現場の状況や予算を考慮して、どのタイプを使用するか検討します。

写真1　100V電源利用型　　写真2　太陽電池利用型　　写真1　乾電池利用型

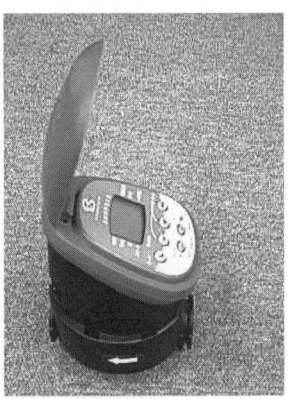

水遣り管理の留意点

自動灌水タイマーを用いて水遣り管理をしても、定期的に散水量が足りているか、不都合は生じていないかを管理していく必要があります。特に近年では、異常気象によって予期せぬ時期に気温が上昇したり、また猛暑日が長期にわたって続くなど植物が衰退しやすい状況が多く発生します。そのためにも、こまめな管理を実施するのが望ましいといえます。

水遣り管理での留意点は下記のとおりです。
① 散水量にばらつきが発生していないか確認

②散水量が不足していないか確認
③余剰水の処理方法に問題が発生していないか確認
④電磁弁、フィルター、タイマーなどに異常はないか確認

自動灌水管理で起こりやすいトラブル

　壁面緑化にとって水遣り管理は重要ですが、自動灌水タイマーで管理を行っていると、そのことを忘れがちになってしまいます。特に壁に直接植栽を行う基盤造成型壁面緑化では、散水不足が即植物の衰退や枯損につながります。主に自動灌水タイマーによる水遣り管理のトラブルについて列記します。
①元給水管のバルブが閉じられて、水遣りができずに植物が衰退・枯損
②停電などにより電源がオフになり、復旧しなかったために水遣りができずに植物が衰退・枯損
③例年より気温上昇が著しく、水遣り量が不足して植物が衰退・枯損

　これらのトラブルは、こまめな管理を行っていれば気付くことが多いのですが、自動的に水遣りを行っていると、その意識が薄れて対応が遅れてしまうことがよくあります。植物が枯損することで、改めて水遣り管理の重要性を認識することにもなります。よって、水遣り管理については計画時から重要事項として考慮することが大切です。

　これらの対策としては、タイマーに異常警報を装備したり、季節の変わり目に対する管理対応の強化など、トラブルを防ぐ管理対策を盛り込むのが望ましいといえます。

写真4　水遣りトラブルによる枯損事例①　　写真5　水遣りトラブルによる枯損事例②

Q.53 壁面緑化用植物の維持管理方法とは。

A. つる植物は、誘引・剪定・灌水管理が特に重要。

植栽当初の管理

　植栽当初の管理は、つる植物の活着および対象物への付着に大きく影響することから、適切な誘引を行うことが必要です。巻きつる型、巻き葉柄型の植物および寄りかかり型の植物は、誘引して支持材に止める結束資材があまり堅牢だと、幹が肥大化したときに食い込み、後にそこから折れてしまう例が見られるため、定期的に点検し、その兆候が見られた場合は結束し直しましょう。
　補助資材がメッシュの場合、縫うように誘引すると結束資材を使用しなくてもよくなります。また巻き付き型の植物では、自らが絡み付いて登攀するため初期の誘引以外は不要であり、ある程度の期間で分解、消失する結束資材が適しています。堅牢な資材を使用して結束した場合、絡み付いた後は結束材を撤去する必要があります。ヘデラなどを登攀補助材に絡ませる場合、適切に誘引しないと自ら登攀せずに建築躯体に直接登攀したり、水平面に伸長したりするので注意が必要です【写真1】。

誘引・剪定

　間接登攀型の植物は、つるが下垂すると花が付きやすくなり、短枝を出させるとその先に花が咲きます。誘引に際しては壁面の上部にまで誘引、結束して、その部分から下に向かって伸ばします。
　緑化対象空間からはみ出して伸長したつるは美観上問題となるだけでなく、建築物や付属設備に絡み付き、機器の故障や事故の原因となることもあるので、はみ出した部分を適宜剪定します。クレマチス類、ハゴロモジャスミン、キイチゴ類などは、1本のつるが数年で枯死し新たなつるが出てくるため、枯死したつるの切除が必要です。
　つるの肥大が早いフジ、ブドウ、ナツヅタなどでは、壁面と補助資材、枠材などの隙間につるが入り込むと肥大により破損する恐れがあるため、そのような予兆がある場合にはつるの切除を行います【写真2】。

施肥・病虫害防除

　長大な壁面を緑化する場合、大きく広がる枝葉を支えるためには、十分な養分の供給が不可欠です。特に葉が小型化する、葉色が淡くなる、伸長量が著しく減少するなどは肥料切れの症状であり、肥料を施す必要があります。

　病虫害の発生が見られたら、被害が広がる前に速やかに対策を講ずる必要があります。壁面緑化では容易に高所の壁面には近付けないため、剪定、捕殺などの手法を採用できない場合が多いようです。殺菌剤や殺虫剤を使用する場合には、周辺の状況に配慮した薬剤の選択や散布方法を決定します。また一定時期に毎年発生する場合は、予防的な散布を行いましょう。

更新・枯損対策

　生育旺盛で、つるの伸長量が大きい植物では、植栽後数年が経過すると、基部の葉がなくなり、下枝が上がった状態になることがあります。緑化効果が低下する場合は、根元でつるを切り戻し、新しい枝をふかし直し、更新します。

　枯損が発生した場合、欠損部分が誘引などによりカバーできない場合には補植します。1年生の植物や、宿根性の植物、クレマチス類など冬季に地上部が枯れる植物は醜くならないうちに枯れた部分を除去します。クレマチス類ではつるの下部に翌年伸長する芽ができるため、芽の位置を確認して上部を除去することが重要です。

植栽基盤と灌水管理

　人工地盤、コンテナ、壁面基盤など、植栽基盤の規模が限定される場合は、土壌の乾燥に留意し適宜灌水を行う必要があります。壁面基盤型の緑化においては、灌水装置に異常時の警報装置がない場合、基盤の厚さが薄いものほど灌水が行われているか、点検の頻度を多くしましょう（シート型緑化工法では毎日、他の工法でも最低週に1回）。

写真1　補助資材に登攀せず躯体に登攀したヘデラ

写真2　補助資材の隙間に侵入したヘデラのつる

Q.54 肥料にはどのような種類があるのか。施肥の方法とは。

A. 植栽時に2年以上効く緩効性肥料を十分量施用し、その後生育を見て適時追肥を行う。

肥料の種類

　つる植物の生長被覆を前提にした壁面緑化では屋上緑化と異なり、十分に養分を供給し、旺盛な生育を維持させることが重要です。これには、長期間肥効が継続する緩効性肥料の使用が効果的です【写真1、表1】。

　一方、基盤造成型の壁面緑化ではメーカーごとに基盤構造や灌水システム・樹種などが異なるため、各メーカーの指定する手法にて施肥を行います。基盤造成型では壁面への負荷を抑えるための控えめな肥培管理を求められることが多いのですが、イベントなどでは花を咲かせ続ける施肥など、目的によっても必要な施肥管理は大きく異なります。一般的には管理の容易さなどから、植栽基盤に行きわたった灌水設備を利用した灌水同時施肥や、緩効性肥料が利用されます。

施肥の量と時期

　壁面緑化を成功させるには、初期からつる植物が良好に生長することが重要であり、そのためには十分な量の元肥の施用が不可欠です。その後は壁面でのつるの被覆状況や、生育状態を確認の上、適時追肥にて補充します。緩効性肥料の場合、元肥としては植え穴の底面周辺に間土をして十分な量を施し、その後の追肥では、つぼ穴を掘って施肥するなどの方法を取ります【図1】。

　ただ緩効性肥料ではあっても、全面被覆が達成されれば施肥は控えめにする必要がありますし、葉が小型化する、葉色が薄くなる、伸長量が著しく悪くなるなどの肥切れの症状が見られれば、速効性肥料で対応するなど、状況に応じた施肥が要求されます。

　一般的には、肥料の持続性や植栽基盤の状態、つる植物の生長速度などの情報をもとにし、元肥からその後の追肥までの大まかな予定を最初から計画の中に入れておくとその後の管理がスムーズに進みます【表2】。その上で植物の状態を見ながら、適宜それに見合った施肥を行っていくのが最適といえるでしょう。

写真1　緩効性肥料の例（左＝固形肥料、右＝粒状コーティング肥料）

図1　施肥法の例

表1　壁面緑化に用いられる代表的な肥料の種類

肥料の種類	代表的な製品	特徴
普通化成	—	速効性・粒状。急を要する追肥時に有効
粒状・固形肥料（IB態）	ウッドエース・バーディーラージ	緩効性、主に加水分解により有効化。種々のタイプのうち、粒径が大きいほど肥効が長い
固形肥料（CDU態）	マウントキングS	緩効性、主に微生物分解により有効化。低温期の養分流亡が少ない
コーティング肥料	ハイコントロール	緩効性〜超緩効性、粒状肥料を覆う膜の細孔から徐々に溶出。初期の溶出を抑えたいときに有効
有機質肥料	はっこう鶏糞 固形有機	緩効性、肥料成分としてだけでなく土壌の理化学性向上に寄与。微量成分も豊富
液体肥料	—	速効性、施肥のコントロールが容易。灌水同時施肥に利用（灌水設備の液肥混入機より注入）

（注）目的によっては、単肥や、石灰質肥料、葉面散布剤、活力剤なども利用される

表2　施肥例（つる植物による壁面緑化＝大地への植栽の場合）

元肥（植栽時）	1株当りマウントキングS[N:P:K:Mg＝12:6:6:2] 75g〜150g程度施用
追肥（2年目の春）	1株当りマウントキングSを75〜150g程度施用
その後	生育に応じて適時施肥

（注）施用量は生育状態・樹種・対象面積・土壌条件などにより増減させる

5　壁面緑化の維持管理

【肥料と施肥】

Q.55 発生しやすい病虫害とその対策とは。

A. 表に準ずるが、発生の少ない種類の利用と事前の予防を心がける。

つる植物の病虫害と対策

　つる植物による壁面緑化では、できるだけ病虫害の発生しにくい種類を選択することが管理上重要です。【表1】のようにオオイタビ、カロライナジャスミン、テイカカズラ、トケイソウはほとんど発生しません。ビグノニア、スイカズラ、アケビ、ノウゼンカズラや最も多く使われているヘデラ類もそう多いほうではありません。しかし、不健全な環境では発生しやすいため、次のような点に注意が必要です。
・健全な植物材料を使用し、肥培管理では窒素過剰や停滞水が起きないようにする
・空気が籠るような、風通しの悪い密な環境をつくらない
・吸汁性害虫であるダニ、アブラムシ、カイガラムシなどを除去し、病害虫、菌の伝播とすす病などを防ぐ
・浸透移行性剤で予防効果が期待できるオルトランなどの予防散布により、病虫害の発生を未然に防ぐ。

　発生した場合には早めに適切な薬剤の散布が必要です。よく使われるヘデラ類に対してはセンノキカミキリの被害が特に注目されています。羽化後の5月下旬頃と7月下旬頃、有機リン剤MEP80%乳剤(現在の農薬法で使用可能)を散布するのが望ましいとされます。

　なお【表1】には、今まで使用されてきた薬剤を示しましたが、農薬法が大幅に改定されたことをふまえ、その使用にあたっては農薬の種類、使用量、使用時期、使用回数などが適正であるよう留意する必要があります。独立行政法人 農薬検査所のウェブサイトにある「農薬登録情報検索システム」などを利用し、関連情報を参照してください。

写真1　センノキカミキリの被害(ヘデラ) 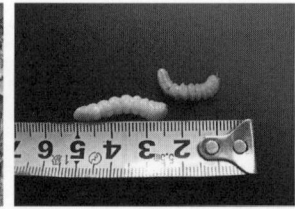　　写真2　カミキリムシの幼虫 　　写真3　チャハマキと食害

基盤造成型壁面緑化の病害虫とその防除

　基盤造成型の場合では多様な植物を用いますので、一般の草花、地被、低木類に付く病害虫の発生が予想されます。クサツゲやボックスウッドなどはツゲノメイガであっという間に丸裸にされた例もあります。多様な草花を用いた場合はアブラムシなどの予防と対策、室内においてはダニやカイガラムシなどに対する対策も不可欠です。

表1　主要なつる植物の代表的病虫害と防除法

つる植物名	病害		虫害	
	病気名	防除法	害虫名	防除法
アケビ	うどんこ病	ベンレート水和剤	アブラムシ	オルトラン水和剤
オオイタビ	特になし	—	特になし	—
カロライナジャスミン	特になし	—	特になし	—
クレマチス	うどんこ病	ベンレート水和剤	アブラムシ	オルトラン水和剤
	赤さび病	マンネブ剤、ジネブ剤	ダニ類	マラソン乳剤
			カイガラムシ	マシン油乳剤
			ハマキムシ	デナポン乳剤
サネカズラ	うどんこ病	ベンレート水和剤	ルビーロウムシ	マシン油乳剤
	すす病	吸汁性害虫の除去	ミノムシ	カルホス乳剤
スイカズラ	うどんこ病	ベンレート水和剤	シャクトリムシ	ディプテレックス
ツルウメモドキ	特になし	—	特になし	—
ツルニチニチソウ	すす病	吸汁性害虫の除去	ハマキムシ	デナポン乳剤
			カイガラムシ	マシン油乳剤
ツルマサキ	うどんこ病	ベンレート水和剤	カイガラムシ	マシン油乳剤
	たんそ病	ダイセン水和剤	ユウマダラエダシャク	ディプテレックス
			ミノウスバ	ディプテレックス
			アオバハゴロモ	カルホス乳剤
テイカカズラ	特になし	—	特になし	—
トケイソウ	特になし	—	特になし	—
ノウゼンカズラ	特になし	—	カイガラムシ	マシン油乳剤
			テッポウムシ	
ナツヅタ	さび病	マンネブ剤、ジネブ剤	カイガラムシ	マシン油乳剤
	はんてん病	ダイセン水和剤	コスズメ	カルホス乳剤
			コガネムシ類	ダイアジノン
			トビイロトラガの幼虫	カルホス乳剤
ビグノニア	うどんこ病	ベンレート水和剤	アカダニ	マラソン乳剤
ビナンカズラ	うどんこ病	ベンレート水和剤	キベリハムシ	カルホス乳剤
	すす病	吸汁性害虫の除去	ルビーロウムシ	マシン油乳剤
フジ	はんてん病	ダイセン水和剤	コガネムシ類	ダイアジノン
	さび病	マンネブ剤、ジネブ剤	カイガラムシ	マシン油乳剤
			マイマイガ	ディプテレックス
			ダニ類	オルトラン水和剤
ヘデラ類	うどんこ病	ベンレート水和剤	カイガラムシ	マシン油乳剤
	すす病	吸汁性害虫の除去	アブラムシ	オルトラン水和剤
	たんそ病	ダイセン水和剤	チャハマキ	カルホス乳剤
			シャクトリムシ	トレボン乳剤
			カミキリムシの幼虫	ファインケムB乳剤
ムベ	さび病	マンネブ剤、ジネブ剤	カイガラムシ	マシン油乳剤

参考文献　（社）道路緑化保全協会関東支部調査委員会編『実務者のためのツル植物による環境緑化の手引き』（道路緑化保全協会関東支部、1983）

6章

さまざまな壁面緑化事例

Q.56 壁面緑化の事例(1)
先駆的、かつ意匠性の高い事例を教えて。

A. 〈シャルレ ポートアイランドビル〉は、
壁面を緑化の対象としてデザインした最初の建物といえる。

20年以上前に建てられた先駆的事例

〈シャルレ ポートアイランドビル〉は、屋上緑化を行ったガラス張りのA棟と壁面緑化を行ったB棟からなるツインビルです【写真1】。建物および緑化の概要は【表1】に示すとおりで、つる植物が植栽されてから20年以上が経過しています。躯体表面に取り付けられた鋼板パネルは、壁面緑化用補助資材としては重厚すぎて高価なものという印象も受けますが、建物の顔（意匠）として導入されたことを考えるとまったく気になりません【写真2、3】。

地上部の植栽基盤は人工地盤上につくられており、おおむね300〜350ℓ/m程度（幅約70cm×深さ約48cmの植栽域）の土壌量です【写真4】。緑被率が若干小さいようにも感じますが、全体的に美しく緑化されています。窓面が覆われることで採光上は若干不利になると考えられますが、円形孔から覗くナツヅタの葉が新鮮な情景を醸し出し、そのようなデメリットを払拭してくれます【写真5、6】。20年以上前にこのよう

表1 シャルレ ポートアイランドビル／建物および緑化の概要

建築概要	用途	事務所ビル
	所在地	兵庫県神戸市
	構造	SRC造（一部S造）、地下1階地上4階建て
	竣工	1983年9月
緑化概要	緑化目的	意匠（修景）
	緑化面積	約1,431㎡（屋上緑化433㎡あり）
	植栽施工	1983年9月
	植栽基盤の構成	土壌は真砂土
	緑化手法	登攀と下垂の双方から実施
	補助資材	厚さ2.3mmの耐候性鋼板を壁面緑化補助資材として使用
	植物	ナツヅタ、ヘデラ・ヘリックス、ツキヌキニンドウ
維持管理	灌水方法と頻度	自動灌水方式（タイマー付き）
	清掃などの頻度	落ち葉清掃は頻繁に実施
	剪定の頻度	ー
	その他の管理	施肥を年1回

な意匠性の高い壁面緑化建物をつくったことは特筆に値します。

写真1　シャルレ ポートアイランドビル

写真2　壁面近景

写真3　壁面の補助資材

写真4　地上部植栽基盤

写真5　室内からの景観

写真6　円形孔から覗く新緑の葉

Q.57 壁面緑化の事例(2)
古くからあり、模範となる事例を教えて。

A. 〈ヤクルト本社ビル〉は永続性と意匠性の面から模範となっている。

技術向上による建物壁面緑化の進歩

　昨今では、壁面緑化技術の進歩により多種多様な事例が見られるようになりました。使用される植物の種類はつる植物だけではなく低木やコケなど多種にわたり、手法も壁面登攀型、下垂型、壁面前植栽型などいろいろな技術が開発されています。とりわけ建物壁面緑化には永続性と意匠性が不可欠になりますので、それらを兼ね備えた緑化手法が求められます。

　〈ヤクルト本社ビル〉の壁面は1972年に緑化され、防水層の改修のためリニューアルされるまでの29年間(2001年まで)生育した永続性と、中央部建物の仕上げガラス面と両脇の建物壁面の緑化による意匠性の両方を兼ね備えた事例といえます。

永続性の確保

　現在の〈ヤクルト本社ビル〉の建物壁面緑化は2002年にリニューアルされたもの

表1　ヤクルト本社ビル／建物および緑化の概要

建築概要	用途	事務所ビル
	所在地	東京都港区
	構造	S造、地上6階建て(低層棟)
	竣工	1972年(2002年リニューアル)
緑化概要	緑化目的	意匠(修景)
	緑化面積	幅9.8m×長さ5m、2ヵ所
	植栽施工	1972年
	植栽基盤の構成	人工軽量土壌(幅60cm×深さ80cm)
	緑化手法	補助資材使用下垂型
	補助資材	ヘゴ・魚網
	植物	ヘデラ・カナリエンシス
維持管理	灌水方法と頻度	自動点滴灌水方式朝夕2回／日
	清掃などの頻度	除草6回
	剪定の頻度	繁茂するまでは無剪定
	その他の管理	施肥を年1回(毎春・化成肥料と油粕)薬剤散布を年6回

で、補助資材を使用した下垂型壁面緑化手法を取り入れたものです【写真1、2】。植栽は5階屋上部にヘデラ・カナリエンシス(3株/m程度)を植栽してあり【写真3、4】、手前には屋上緑化もされています【写真5】。永続的な植栽で重要な植栽基盤は深さ80cm、幅60cmと、永続性を確保するのに必要とされる土壌量400〜500ℓ/mが確保されています。意匠的には補助資材にヘゴを使用し、壁面上部では誘引のために魚網を使用しています【写真6】。

　30年前に壁面緑化を採用した建物壁面緑化のパイオニア的存在であり、緑被率も高く永続性も望めるといえる事例でしょう。

写真1　ヤクルト本社ビル建物全景

写真2　歩道から見た壁面(補助資材＝ヘゴ)

写真3　植栽部

写真4　壁面上部

写真5　屋上緑化

写真6　誘引用の魚網

Q.58 壁面緑化の事例(3)
建物壁面がすっぽりと覆われた事例を教えて。

A. 〈千種文化小劇場〉は建物壁面がつるで覆われている。

省エネルギーと都市景観の向上を実現

　名古屋市〈千種文化小劇場〉は客席数251席、正八角形の中央舞台と間口7.5mの奥舞台が特徴的な全国でも珍しい円形劇場です。
　そのため、外壁は窓が少ない建物になっており、修景と環境配慮から大通りに面した2壁面に全面壁面緑化を行っています。省エネルギーと都市景観の向上を実現した環境にやさしい建物として全国的にも高い評価を受けており、数々の賞を受賞しています。高さは約13m、壁面緑化面積は約630㎡です。

2年で全面被覆

　〈千種文化小劇場〉の壁面はコンクリートの打放しであり、そこにつる植物の付着根が吸着しやすいヤシ繊維マットと、立体金網がセットされたフレーム付きの補助資材を取り付けています。ヤシ繊維マットは付着型つる植物（ヘデラ類、ビグノニア

表1　千種文化小劇場／建物および緑化の概要

建築概要	用途	劇場
	所在地	愛知県名古屋市千種区
	構造	RC造、地上2階建て
	竣工	2002年7月
緑化概要	緑化目的	環境負荷低減および景観の向上（修景）
	緑化面積	630㎡
	植栽施工	2002年4～6月
	植栽基盤の構成	有機質系人工軽量土壌、土壌量約240ℓ/mまたは約270ℓ/m
	緑化手法	登攀型・下垂型の併用
	補助資材	金網・ヤシ繊維マット併用補助資材
	植物	ヘデラ・カナリエンシス、ヘデラ・ヘリックス、ヘデラ・カナリエンシス・バリエガータ、アメリカノウゼンカズラ、トケイソウ、ビグノニア、ナツヅタ、オオイタビ
維持管理	灌水方法と頻度	自動点滴灌水方式、年4回設定変更、主に3日に1回灌水
	清掃などの頻度	特に行っていない
	剪定の頻度	年1回実施
	その他の管理	施肥を年1回

など)の登攀を促し、立体金網は巻きつる・巻ひげ型つる植物(トケイソウなど)の登攀を促します。ここでは、ノウゼンカズラやトケイソウは1年で高さ13mに達し、およそ2年で全面被覆されました。

　補助資材のフレームは建物のデザイン性を高める効果があり、この施設はそのデザイン性も高く評価されています。

　植栽基盤は庇部・地面・屋上部に設置されており、十分な土量(庇部=約270ℓ/m、屋上部=約240ℓ/m)が確保できるような構造になっています【写真2】。土壌は有機質系の人工土壌が使用されていて、植物が非常に良好に生長しています。

　灌水装置に使用されている水は雨水などの中水を利用したドリップ式になっており、水道水をできるだけ使わないことで、より環境にやさしい配慮がなされています。

写真1　千種文化小劇場(施工直後)

写真2　施工後約2年

使用植物とその特長

　植物は8種類約400本のつる植物が使用されていて、被覆速度や形態、開花時期、常緑、落葉などを考慮し選定されています。被覆速度が速いつる植物(ノウゼンカズラ、トケイソウなど)は初期の景観をつくり出しますが、生長が進むにつれ下部の葉数が少なく、被覆密度が疎になるという欠点があります。そこで将来的な景観への配慮としてヘデラ類などの壁面全面を密に緑化できる常緑種がバランスよく配植され、いずれはこれらの樹種が優占するように計画されています。また、花のきれいなつる植物(トケイソウ、ノウゼンカズラ、ビグノニア)が景観に彩りを添えています。

　維持管理は年に1回の剪定と施肥程度で良好な景観が保たれています。

写真3　歩行者から見た景観

写真4　年1回の高所作業者による剪定

【千種文化小劇場】

Q.59 壁面緑化の事例(4)
ゲートなどのエントランス部を飾る事例を教えて。

A. 商業施設の入り口に緑化したゲートを設置した〈リビエラ南青山〉がある。

竣工時に天然植物によるエントランスの緑化が完成

　ゲートなど建物エントランス部につる植物を登攀させて緑化しようとすると、長期間を要してしまいます。商業施設の場合、オープニング時に完成された緑化が求められるため、基盤造成型の壁面緑化工法を用いることが多くなりました。〈リビエラ南青山〉では、ポット可変型の基盤造成型壁面緑化を用いて、色彩豊かなエントランスの緑化を行っています。

多様な植物を利用できるシステム

　用いられている壁面緑化工法は、一辺が150mm程度の立方体容器に、培土と植物を植え付けて、格子状金属フレームに挿入固定していくシステムです。植物の配置換えや、つる植物以外の植物緑化が利用しやすい形状になっているのが特徴です。

表1　リビエラ南青山／建物および緑化の概要

建築概要	用途	結婚式、レストランなど
	所在地	東京都港区
	構造	SRC造、一部S造、地下3階・地上6階
	竣工	1989年11月（緑化新築2010年）
緑化概要	緑化目的	意匠（修景）
	緑化面積	約100㎡
	植栽施工	2010年
	植栽基盤の構成	軽量人工土壌＋有機肥料
	緑化手法	可変式基盤一体型
	補助資材	金属製格子フレームおよび耐候性樹脂容器
	植物	ヤツデ、ヘデラ類、ワイヤープランツ、アスパラなど
維持管理	灌水方法と頻度	点滴式散水ホース、年4回の設定変更、主に2日に1回散水
	清掃などの頻度	都度実施
	剪定の頻度	主に年4回程度
	その他の管理	施肥適時

写真1　ポット型基盤材

写真2　ポット型基盤材を装着したフレーム

写真3　施工直後からボリュームの多い緑化を実現

【リビエラ南青山】

Q.60 壁面緑化の事例(5)
高層空間での事例を教えて。

A. 〈青山ライズスクエア〉は地上35mの緑化を施している。

地上35mまで壁面緑化

　ビルの高層化にともなって、壁面緑化の高層空間における緑化の検討は増える傾向にあります。そのなかで、〈青山ライズスクエア〉の壁面緑化は先駆けた事例といえます。金網フレームとコンテナを一体型にした植栽付ユニットを、各階に設けられた屋外デッキに固定して、縦帯状の緑化を実現させています。
　10階地上35mの高さまで緑化を施しており、それより上層階は強風による植物生育の影響が高いと判断し、ルーバー設置となりました。

一体型植栽ユニット

　植栽ユニットは、つる植物を巻き付ける金網フレームと、植栽基盤となるコンテナ部を一体化させたもので、すべてステンレス（SUS304）で製作しています。また最上部の風荷重に耐えうる構造検討を行い、部材形状や厚さを決めています。

表1　青山ライズスクエアビル／建築および緑化の概要

建築概要	用途	事務所ビル
	所在地	東京都港区
	構造	SRC造地下4階・地上15階
	竣工	2003年4月
緑化概要	緑化目的	近隣対策、意匠（修景）
	緑化面積	約230㎡
	植栽施工	2003年
	植栽基盤の構成	軽量人工土壌＋有機肥料
	緑化手法	一体ユニット型
	補助資材	金属製（SUS304）金網およびコンテナ容器
	植物	ヘデラ・ピッツバーク、ヘデラ・グレイシャー
維持管理	灌水方法と頻度	点滴式散水ホース、年4回の設定変更、主に2日に1回散水
	清掃などの頻度	都度実施
	剪定の頻度	主に巻き付け誘引作業4回／年程度
	その他の管理	施肥適時

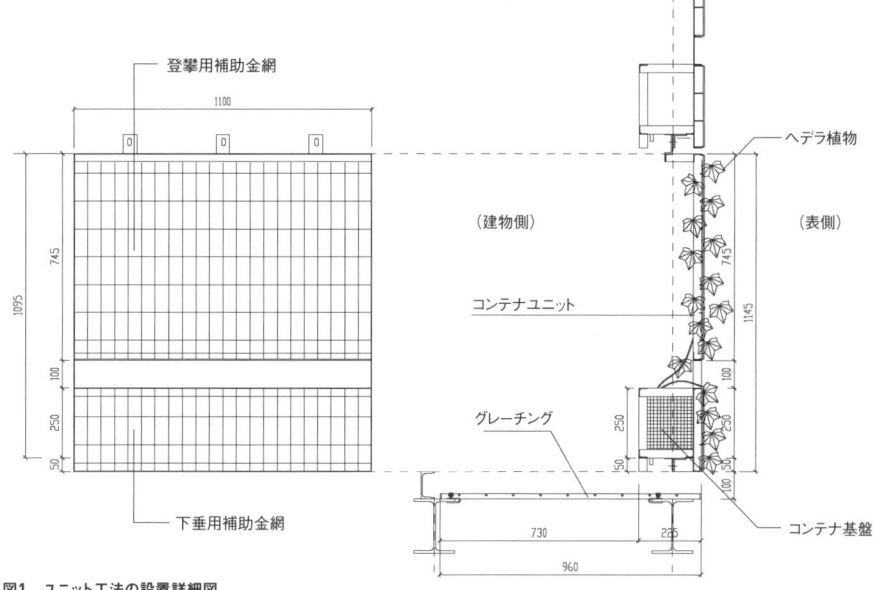

図1　ユニット工法の設置詳細図

写真1　地上35mまで壁面緑化を設置

写真2　各階に点検通路を設置

写真3　内側の通路よりメンテナンスの実施状況

6　さまざまな壁面緑化事例

【青山ライズスクエア】

Q.61 壁面緑化の事例(6)
都心部にある大型土木構造物での模範的な事例を教えて。

A. 東京〈新宿駅西口広場換気塔〉の事例がある。

印象的な駅前の景観をつくる

〈新宿駅西口広場換気塔〉は吸排気のための換気塔を緑化した事例です。外周タイル仕上げ壁に補助資材として金網を使用し施工しています。長い時間を経て印象的な駅前空間をつくりあげています。

植栽2年後——仕上げタイル面が目立つ状態

【写真1】は1989年に施工され、施工後2年目に撮影したものです。緑化ネットは、ひし形金網(アルミ被覆鋼線)の線形径4.0mm、網目150×150mm目を使用しました【写真2】。

表1 新宿駅西口広場換気塔／緑化の概要

建築概要	用途	換気塔
	所在地	東京都新宿区
	構造	吸気塔　高さ11.5m・直径11.5m 円筒形 排気塔　高さ7.0m・直径9.5m 円筒形
	竣工	1966年
緑化概要	緑化目的	修景
	緑化面積	(吸排気塔の構造物寸法参照)
	植栽施工	1989年
	植栽基盤の構成	平均厚さ60cm(畑土層50cm+パーライト層10cm)
	緑化手法	登攀型
	補助資材	ひし形金網(径4.0×150×150mm、アルミ被覆鋼線)・アンカーボルト留め
	植物	ビグノニア、ナツヅタ(侵入植物としてスイカズラ)
維持管理	灌水方法と頻度	散水設備があるが現在は天水のみ
	清掃などの頻度	—
	剪定の頻度	数年に1回刈込み剪定
	その他の管理	定期的作業はなし

植栽16年後──全面が覆われる

　施工後16年経過した状況【写真3～6】は、換気塔の外側にはつる植物が旺盛に生育し全面的に覆っています。また、塔の内側にも下垂している状況が見られます。

写真1　施工後2年目の状況（1990年）

写真2　ひし形金網（アルミ被覆鋼線径4.0×150mm目、ダークブラウン色）

写真3　施工後16年目（2005年）

写真4　塔内側に垂下している状況

写真5　北側の繁茂状況

写真6　ビグノニアの良好な生育状況

【新宿駅西口広場換気塔】

Q.62 壁面緑化の事例(7)
よく見かける擁壁・遮音壁・護岸など土木構造物の事例を教えて。

A. 下に示すとおり、大面積をローメンテナンスで緑化する土木構造物の事例が数多くある。

ローメンテナンスと永続性

擁壁・遮音壁・護岸など土木構造物の壁面緑化の多くが数百～数千㎡の大面積を対象としますので、その壁面緑化に維持管理が必要になると、多額の費用を要することになります。そのため、剪定などの維持管理をあまり必要としないつる植物を用いた登攀または下垂させる手法が多く用いられています。

ほとんどの場面において自動灌水の設置が困難なため、降雨のみでも生育できるよう、自然地盤に植栽する手法（露地植えともいう）が採用されています。つる植物を植栽する部分が舗装されている場合は舗装を撤去、側溝などは可能な限り移設し、十分な植栽基盤を確保しましょう。プランターなど人工地盤に植栽せざるを得ない場合は、近くに散水栓を設け、散水頻度などあらかじめ維持管理計画を立てておかなければなりません【写真1】。敷地境界の塀で敷地の内側に十分な土量がある場合には、塀に開口部を設けてつるを塀の外側へ誘引し緑化した事例もあります【写真2】。

コンクリート製土木構造物の設計耐用期間は、50～100年と長期を有します。そこに付随する壁面緑化にも長期の緑化機能が求められています。したがって、土木

写真1 人工地盤上に花壇を設けて護岸緑化、無降雨期間が続いた際は散水が必要

写真2 敷地境界塀に穴を開け、内側からつる植物を誘引して緑化した例

構造物では、永続性と降雨のみによる生育を求めるため、自然地盤を利用し、ローメンテナンス化のために、ヘデラ類を植栽することが多いようです。

構造物下部よりつる植物を登攀生長させる

コンクリート擁壁や高速道路に設置されている金属製遮音壁などの緑化では、構造物下部の植栽基盤からつる植物を登攀生長させる手法が最も一般的です【写真3、4】。登攀補助資材としては、樹種に応じて、金網や金網・ヤシ繊維マット併用資材が多く利用されています。樹種としては、剪定がほとんど必要のないヘデラ類やナツヅタが多く、剪定がある程度必要なムベ、スイカズラ、ビグノニア、ノウゼンカズラなども混植で利用されているようです。これらの資材を用いた緑化は、激しい風雨や大型自動車の走行風にさらされても剥離落下せずに緑化壁面を維持しています。

写真3　金属製遮音壁表面に金網を利用

写真4　コンクリート擁壁面に金網・ヤシ繊維マット併用補助資材を利用

構造物上部よりつる植物を下垂させる

擁壁や護岸などの土木構造物の上部に自然地盤がある場合、つる植物を下垂生長させることができます【写真5】。樹種としてはヘデラ類が最も多いです。この場合、つる部が風に揺すられストレスが加わるため、つるの生長には長い時間を要し、短期間での緑化には適していません。特に壁面の上端角部では生育初期段階につる部の損傷が激しいので、風による動揺の防止と壁面との接触保護として金網や金網・ヤシ繊維マット併用補助資材、さらに積極的につるを取り込む捕捉型の下垂資材などを用いて生長促進を図っています【写真6】。

写真5　15年程度の年月をかけて生長した擁壁面下垂緑化（ヘデラカナリエンシス）

写真6　護岸上端角部に金網・ヤシ繊維マット併用補助資材を利用。初期の生長促進を図っている

【身近な土木構造物】

Q.63 壁面緑化の事例(8)
水道水を使用せずに雨が当たらない場所を緑化した土木構造物での事例を教えて。

A. 橋梁に降った雨水を灌水に利用した橋脚緑化事例がある。

周囲の景観に配慮し、土木構造物を緑化

　神奈川県大和市にある〈大下さくら橋〉は、谷間を通る県道を跨ぐ市道の橋として1997年に竣工しました。その後、県道の脇を流れる引地川の改修にともない延伸し、2007年3月に現在の橋の長さになりました。

　この地域は市立引地台公園や冒険の森など、比較的緑の多い場所であり、壁面も大切な緑化空間の1つという観点から、橋脚の壁面緑化が行われました。

　壁面には金網・ヤシ繊維マット併用補助資材を設置し、3種類の植物を用いて約3年で高さ12m（橋梁下は10m）の橋脚4面の緑化が完成しました【写真1、2】。

橋梁の路面に降った雨水を利用

　高架下は雨が当たらないことから、灌水設備を設けないと緑化が成立しない場

表1　大和市大下さくら橋／構造物および緑化の概要

構造物概要	用途	橋梁
	所在地	神奈川県大和市
	構造	RC造
	竣工	1997年3月(2007年3月に延伸)
緑化概要	緑化目的	修景・景観の向上と温暖化対策・照り返しの緩和
	緑化面積	440㎡
	植栽施工	2007年2月〜3月
	植栽基盤の構成	有機質系軽量土壌、土壌量約300ℓ/m（一部100ℓ/m）
	緑化手法	登攀型
	補助資材	金網・ヤシ繊維マット併用補助資材
	植物	ヘデラ・カナリエンシス、ノウゼンカズラ、ビグノニア
維持管理	灌水方法	橋梁の路面排水を利用した雨水利用灌水システム
	清掃などの頻度	雨水利用灌水システムのフィルター清掃
	剪定の頻度	数年に1回
	その他の管理	—

所です。ここでは、上水道を利用して自動灌水を設けることが困難であったため、橋梁に降った雨水を灌水に利用しています。既設の排水管を分岐させ、路面の粉塵を除去するためにフィルターを設置して、点滴式散水ホースを高架下の植栽部分に配置しています【写真3、4】。

橋脚を緑化する場合の留意点

　橋を支える構造物のため、アンカーの打設が可能かどうかを確認する必要があります【写真5】。またひび割れなどの目視点検を行うために、橋脚全体を緑化せず、下部のみを緑化している事例もあります【写真6】。

写真1　壁面緑化施工2年8ヵ月後

写真2　金網・ヤシ繊維マット併用補助資材
・立体金網：つる植物の登攀を促進するとともに、強風、積雪、などによる植物の落下を防止
・登攀マット：天然ヤシ繊維を利用した、自然な風合いのマット

写真3　既設雨水配管から分岐させ、フィルターを介して灌水へ

写真4　雨水利用灌水システム。植栽基盤部に点滴式散水ホースを配置

写真5　橋脚にアンカーを打設せず補助資材を自立させた事例（東京）

写真6　目視点検のため、下部の高さ3mまでを緑化（静岡）

【高架下雨水利用】

Q.64 壁面緑化の事例(9)
立体駐車場での事例を教えて。

A さまざまな緑化手法を用いた事例が都市域で増えつつある。

　駐車場を緑化する際には、さまざまな制約があります。車はガソリンという可燃物を積んでいるわけですから、特に火災に関しては消防法で消火設備や排煙に対する開放規定があります【→Q.23】。また、早期に緑化を完成させたい、コストを下げるため苗を植え、時間経過を経て完成形にさせたい、緑化面積が必要である……などいろいろな目的があります。そうした制約や目的、および部位を考慮した緑化の例を以下に示します。

垂直方向への緑化
　垂直方向の緑化は主につる植物を用いて登攀または下垂で緑化します。【写真1】は各階にコンテナと金網を設置して、駐車場外周に緑化した事例です。駐車場と緑化部は隔離されています。【写真2】もコンテナと金網を設置して外部階段に緑化した事例です。外部階段と緑化部は一体化されています。
　【写真3】は巨大な駐車場の壁面緑化で、ヤシ繊維マットおよび補助資材を用い、数種類のつる植物を混植した例です。地上に植栽帯を大きく取ることにより、苗木を植え2年半で15m以上繁茂させることができました。【写真4】はヤシ繊維マットを使

写真1　ショッピングセンターの立体駐車場。東京都江東区

写真2　集合住宅の立体駐車場。東京都江東区

写真3　ショッピングセンターの立体駐車場。埼玉県さいたま市

写真4　病院の立体駐車場。千葉県八千代市

い駐車場と隔離し面的に緑化しています。

横方向の緑化

　横方向の緑化は意匠的な目的もあり早期に完成を目指した緑化が主流となります。【写真5】は駐車場手すり部に基盤造成型で緑化した事例です。1階入口の屋上緑化と一体化しています。開口部を確保することが重要です。【写真6】は一階部部分に連続コンテナ型を設置した事例で、つる植物と低木類で緑化し上下に植物を伸ばすことによりボリュームを出しています。

写真5　マンションの立体駐車場。東京都江東区

写真6　複合施設の立体駐車場。東京都品川区

Q.65 壁面緑化の事例(10)
海外の事例を教えて。

A. 例えばシンガポールには、古くからさまざまな土木構造物の緑化事例がある。

壁面緑化による都市環境整備の先進的な事例

　欧米では古来、強固な建物のつる植物緑化やエスパリエなどの外壁緑化が広く行われ、近年では建築デザインの一部として取り入れられるなど、多くの壁面緑化事例が見られます。またシンガポールでは、総合的な都市環境整備として、土木構造物などのコンクリート壁面すべてを対象に緑化が推進されています。ここではシンガポールにおける総合的な環境・景観整備の主要メニューとしての土木構造物事例を紹介します。

　シンガポールでは国の基本施策「ガーデンシティ（庭園のなかの都市構想）」のもとに、生活空間の環境改善が進められています。そして都市の立体化・高層化の進行に合わせ、緑の上空展開ともいえる「スカイライズ緑化」の方針による、屋上緑化・壁面緑化が推進されています。すなわち構造物からの輻射熱軽減や視覚的なインパクト緩和のためにコンクリート構造物への緑化が行われているのです。

　特に道路周りの擁壁などのコンクリート構造物はすべて緑化されます。コンクリート擁壁前面には、幅30cm以上の植栽基盤が確保され、灌水、排水設備が組み込まれて、育成と維持管理に配慮した整備がなされます。緑による都市環境整備の先進的な事例といえるでしょう。

歩道橋や橋脚

　橋脚や側壁面をつる植物で被覆し、また高架歩道部からは植栽基盤を設けて低木を下垂させ、歩行景観、沿道景観の向上が図られています【写真1、2】。

高速道路や街路沿いの垂直コンクリート擁壁

　コンクリート擁壁面はすべてつる植物などで被覆し、景観性（視覚的インパクトの軽減）はもちろん、輻射熱の緩和により走行車、歩行者に対する環境の改善が図られています【写真3、4】。

立体交差部や高架構造体

　高架構造体の側端部に植栽基盤を設けて、低木(花物)を下垂させ、景観的に構造体の水平エッジをやわらげています【写真5,6】。

写真1　高速道路の橋脚

写真2　歩道橋周り

写真3　車道周りの垂直擁壁

写真4　歩道周りの階段状擁壁

写真5　交差高架橋緑化

写真6　チャンギ国際空港の高架緑化

参考文献　下村孝、輿水肇、梅干野晁『立体緑化による環境共生――その方法・技術から実施事例まで』(ソフトサイエンス社、2005)

Q.66 壁面緑化の事例(11)
愛知万博「バイオラング」の壁面緑化とは。

A. 「呼吸する都市構造膜」をコンセプトに
さまざまな緑化手法によって構築された自立型緑化壁面。
バイオラングを契機にさまざまな壁面緑化技術が創出された。

未来型の都市緑化装置

　バイオラングとは、生き物を意味する「bio（バイオ）」と、肺の「lung（ラング）」を組み合わせた造語です。2005年日本国際博覧会（愛知万博、愛・地球博）において、会場の中心となった愛・地球広場に位置するグローバルハウスのファサード面に、長さ150m、高さ15m、面積約3,500㎡の世界最大級の垂直緑化壁面が登場し、バイオラングと命名されました。

　2本の塔と、2枚の緑化壁面で構成されたバイオラングには、約200種20万株におよぶ植物が植えられ、春から秋までの四季折々の花々が、来場者を楽しませました。このバイオラングは、「自然の叡智」という愛知万博のコンセプトを具現化するだけでなく、自立型の垂直緑化壁面という従来にない構造物でありながら、生き物を育みヒートアイランドなどの都市の環境圧を低減するという、未来型の都市緑化装置として提案されたものです。

呼吸する都市構造膜

　人は、自然と共生する生活のなかで「自然の叡智」を授かり、その営みとして多様な自然をつくり出してきました。住居を囲う屋敷林や高生垣は、日本人が持つ自然

写真1　バイオラングの全景　　　©国際博覧会協会

図1　バイオラングの位置

観や、自然と共生してきた営みを象徴するものといえ、防風や微気候緩和、季節感や薪の採取など、緑の壁が持つ環境改善効果を最大限に活用したものです。

バイオラングは、こうした緑の壁が持つさまざまな役割に着目して、これからの都市内における新たな壁面緑化技術として「呼吸する都市構造膜」を具体化したものです。また、今後の壁面緑化技術の展開に備えた社会実験施設としても位置付けられ、各種の環境改善効果、整備方法・維持管理面での対応など、さまざまなデータ収集が行われ、一定の効果を上げていることが立証されました。

20種類以上の緑化技術

バイオラングは、博覧会における実験展示装置であったため、20数種におよぶ壁面緑化技術が駆使されました【表1】。未来志向型の斬新な技術でありながら、半年におよぶ会期中、花の開花や成長などの確実な成果が求められました。このため、ここで用いられた壁面緑化技術は、すぐにも展開できるものから、多少の改善を要するものまで、幅広いものでした。その後、これら導入されたシステムは継続的な改善により完成度を高めたり、得られた知見をもとに新しいタイプのシステムが開発されるなど、さまざまな発展をみせています。まさに、今日の壁面緑化技術のひな型となったといえるでしょう。

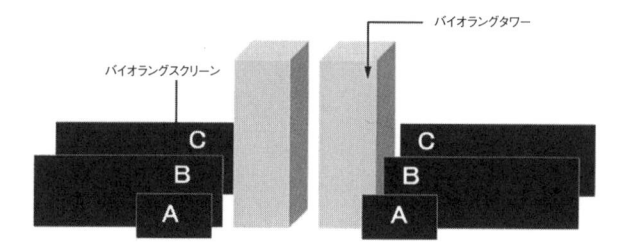

図2　バイオラングの基本構造

表1　バイオラングで用いられた緑化技術の分類

シート型	植栽基盤を薄いシート状に加工したもので、シートそのものに保水性や基材としての性能を持たせている。特に軽く加工しやすいため、大規模な面積を覆う、あるいは小さな単位に加工して使うなどの汎用性が広い。コケやセダムなどによる緑化に対応している
マット型	植栽基盤をある程度の厚みを持ったマット状に加工したもので、マット内に軽量土壌や繊維系資材などの基材を備えている。大規模な面積を一体的に覆う場合などには非常に優れ、セダムから観賞草花・野生草花、灌木まで、緑化の可能性は広い
プランター型	緑化対象範囲の下部や中間部分にプランター型の植栽基盤を有するもので、ベランダやキャットウォークなど、プランターを設置する箇所が確保できる場合は確実な緑化方法である。つる植物の利用が標準であるが、エスパリエなどの利用も考えられる
パネル型	軽量土壌やピートモス、あるいは繊維系資材などの基材をパネルの中に充填して、緑化基盤としたものである。パネルの組み合わせにより、小規模から大規模まで、また設置箇所についても汎用性は広く、セダムから観賞草花・野生草花、灌木まで、緑化の可能性も広い
ポケット型	壁面に対してポケット状の植栽基盤を有したもので、ポケットの大きさや形状、また取り付け方法により緑化のバリエーションが変わる。ポケット内の基材は軽量土壌や繊維系素材が多く使われ、観賞草花や野生草花、灌木まで、緑化の可能性は広い

Q.67 壁面緑化の事例(12)
排気塔を基盤造成型で緑化した事例を教えて。

A. 〈霞が関ビル 霞テラス〉の排気塔がある。

テラスの雰囲気と植栽に合わせた壁面緑化――排気塔B

　霞が関ビルは1968年竣工の日本初の超高層ビルで、以前は外苑通りからのルートが主な出入り口であり、2階は陸橋からの動線と庭園としての空間でした。隣接する霞が関三丁目エリアの再開発（霞が関コモンゲート）にともない、霞が関ビルの低層部を新たなメイン動線としての空間にするため増改修が行われました。2階低層部の〈霞テラス〉には、幾何学模様の花壇・ジオメトリックガーデンと常緑の芝生（ティフトンシバベースに秋にライグラス類をオーバーシード）が色鮮やかに植えられています。

　排気塔Bの外観は三角柱状であり、その側面を基盤造成型の手法で緑化しています。排気塔の南面は花壇で、ヘデラヘリックス、ハツユキカズラ、ツルマサキ類、パンジー（冬季）などが植えられており、それに合わせてハツユキカズラの壁面緑化【写真1】になっています。ハツユキカズラは新芽が白く、冬季は紅葉が美しい植物です。西面側は常緑の洋シバの緑があるため、平面の緑が立面に続く雰囲気のプミラ（オオイタビ）による壁面緑化【写真2】になっており、北面もプミラです。

表1　霞が関ビル 霞テラス／建物および緑化の概要

建築概要	用途	事務所、店舗、駐車場
	所在地	東京都千代田区
	構造	高層ビル2階テラスの排気塔
	竣工	1968年、2009年（リニューアル）
緑化概要	緑化目的	修景
	緑化面積	屋上470㎡、壁面232㎡
	植栽施工	2009年
	植栽基盤の構成	人工軽量土壌混合
	緑化手法	基盤造成型
	植物	プミラ、ハツユキカズラ、フィリフェラオーレア、ヘデラヘリックス
維持管理	灌水方法	自動点滴灌水、季節により週に2〜4回
	清掃などの頻度	
	剪定の頻度	年3回除草、剪定、消毒、補植などの整備
	その他の管理	

北側で風が強く日陰の排気塔C

　排気塔Cは建物の北側に位置し、ビル風が抜けるとともに建物の影になる場所です。乾燥、やせ地、強風で日陰にも強い木本のフィリフェラオーレアが使用されています。四角い立方体の四面を同じ種で緑化を行いました【写真3】。しかし雨用通路や看板の設置により、予想以上の日陰が生じ、一部のフィリフェラオーレアが日照不足により枯れる現象が生じました。交換にあたり、ベニシダ、タマシダ、オニヤブソテツ、ヤブコウジ、サルカコッカ、ヘデラヘリックスを看板裏の極陰部で試験し、適正と初期完成度を考慮して、ヘデラヘリックスに決定しました【写真4】。

システムと特徴——パネル規格と重量

　この壁面緑化システムのパネルサイズは、標準規格が横927×縦520mm、厚さ85mmで重量は湿潤時で40kg程度です。パネルのメッシュは約10cmで1パネルにプミラやハツユキカズラでは90株、株が大きいフィリフェラオーレアなどでは23株の密度で植えられるため、初期完成度は非常に高いものになります。

写真1　排気塔B南面の花壇とハツユキカズラ

写真2　常緑の芝生とプミラ壁面緑化

写真3　排気塔Cのフィリフェラオーレア

写真4　日陰部をヘデラヘリックスに交換

Q.68 壁面緑化の事例（13）
建物の外柱や円形柱を高い意匠性で緑化した事例を教えて。

A. 丸の内〈三菱一号館〉広場の壁面緑化は多様な植物種で包み込んだ国内では例をみない挑戦的な"大丸柱の緑化"といえます。

大丸柱の壁面緑化

　丸の内〈三菱一号館〉とパークビルの中庭空間は、東京都心の業務地区において、新しいまちづくりにふさわしい緑豊かな憩いの空間を創出することを目的とした、すべてが人工地盤上の中庭空間の広場です。そのなかで、直径3mにおよぶ超高層建築物の構造柱を緑化し、この広場のランドスケープの特徴的な景観要素として位置付けられているのが、この丸柱壁面緑化（プランテッド・コラム）です【写真1〜3】。

　壁面緑化の持つ緑視率の高さが有効に活かされた緑化施設ですが、単なる壁面ではなく、円柱という形態を緑で包むことにより、緑の持つ柔らかな陰影や季節の変化、風になびく動きが、広場の中の丸柱の構造的威圧感を打ち消し、やさしい存在感のある要素に変化させています。さらに、このプランテッド・コラムはベンチとパーゴラ【写真5】やドライミストの涼感【写真6】、商業サインとの融合【写真7】など、今日的な環境技術と一体となった特徴を持つ緑化施設となっています。技術の工夫ポイントは、灌水量の部位別調整であり、高さを3区分し、水量調整を実施している点です【写真4】。なお、この緑化にあたっては、事前に樹種選定や柱の面する方向と日

表1　〈丸の内三菱一号館広場〉建物および緑化の概要

建築概要	名称	三菱一号館・丸の内パークビルディング（広場）
	用途	オフィスビルおよび商業施設ビル
	所在地	東京都千代田区
	竣工	2009年4月30日
緑化概要	緑化面積	約2,600㎡（壁面緑化240㎡）
	植栽基盤の構成	人工軽量土壌（ナチュライト）
	緑化手法	基盤造成型（パネルユニットタイプ）
	植物	ハツユキカズラ、ベニシダ、ヘデラカナリエンシス、アセビ、ツワブキ、セトクレアセア、ツキヌキニンドーなど20種
維持管理	灌水方法と施肥	ドリップ式自動灌水・液肥の自動混入タイプ
	剪定・清掃などの頻度	月1回の剪定清掃、必要に応じ薬散布

照を把握するべく、モックアップ制作と1年にわたる試験植栽の実施といったプロセスを経て実現されています。

写真1　三菱一号館と大丸柱全景

写真2　賑わう水景と丸柱周辺

写真3　丸柱近景

写真4　灌水量の調節を行っている

- 高所・灌水量(普通)
- 中所・灌水量(やや少)
- 低所・灌水量(少)

写真5　ベンチとパーゴラ(Green&Rest)

写真6　ドライミスト(Green&Cool)

写真7　商業サインとの融合（Green&Information)

【丸の内三菱一号館広場】

Q.69 壁面緑化の事例(14)
ファサードとして設けられた商業施設の事例を教えて。

A. 〈阪急大井町ガーデン〉のファサード事例がある。

垂直面の草原をイメージした商業施設の入り口

〈阪急大井町ガーデン〉のショッピングセンターの入り口に設けられた緑のファサードは、ツワブキやリュウノヒゲ、ノシランなどの在来の草本植物を多く用いて、垂直面で草原のようなイメージを演出しています。ファサードには、広告看板などサインが組み込まれています。また裏側にはオープンカフェや喫煙所もあり、採光が建物側にも入り込むような仕組みも取り入れています。

表1　阪急大井町ガーデン／建築および緑化の概要

建築概要	用途	商業施設
	所在地	東京都品川区
	構造	SRC造地下1階・地上4階
	竣工	2011年4月
緑化概要	緑化目的	意匠(修景)
	緑化面積	約350㎡
	植栽施工	2011年
	植栽基盤の構成	軽量人工土壌+有機肥料
	緑化手法	可変式基盤一体型
	補助資材	金属製格子フレームおよび耐候性樹脂容器
	植物	ツワブキ、ノシラン、リュウノヒゲ、ヘデラバリエガータなど
維持管理	灌水方法と頻度	点滴式散水ホース、年4回の設定変更、主に2日に1回散水
	清掃などの頻度	都度実施
	剪定の頻度	主に巻き付け誘引作業年4回程度
	その他の管理	施肥適時

写真1　JR大井町駅からの全景。両サイドにホテル棟

写真2　ファサード端部の仕上げ状況

写真3　ファサード前の歩道からの景観

写真4　緑化ファサード裏喫煙所

写真5　緑化ファサード裏オープンカフェ

【阪急大井町ガーデン】

Q.70 壁面緑化の事例（15）
登攀型と下垂型を併用した壁面緑化はかなりあるが、基盤造成型と併用した事例はあるか。

A. 基盤造成型と登攀型を組み合わせた〈トレッサ横浜〉の事例がある。

商業空間の"顔"

　この施設は2007年に完成した大型複合商業施設で、「車と愉しむ豊かな生活」をコンセプトにオートモールと商業施設が融合した施設です。

　北棟の壁面緑化は環状2号線沿いにあり、商業空間のエントランスの顔として、賑わいやファサードを演出する装置となっています。また、サインとの一体化を図り、ファサードを彩る配植計画や夜間の照明効果を取り入れ、施設利用者への視認性を高めています。壁面下部では、サブシンボルツリーの植栽を行い、南北の施設のつながりを意識した立体感と量感のある壁面緑化を創出しています。

低コストで初期完成度が高い緑化

　この施設は基盤造成型と登攀型（プランター使用）の2種類の工法を組み合わせるこ

表1　トレッサ横浜／建物および緑化の概要

建築概要	用途	複合商業施設
	所在地	神奈川県横浜市港北区
	構造	SRC造（一部S造）　地上5階建て
	竣工	2007年12月
緑化概要	緑化目的	意匠（修景・広告）、環境負荷軽減
	緑化面積	528㎡
	植栽施工	2007年12月
	植栽基盤の構成	基盤造成型：人工軽量土壌（ナチュライト）、登攀型：人工軽量土壌（ツル植物専用培土）
	緑化手法	基盤造成型＋登攀型
	補助資材	基盤造成型：樹脂成型カセット、登攀型：金網・ヤシ繊維マット併用補助資材
	植物	ヘデラカナリエンシス、ヘデラグレーシャー、フイリピンカマツォール、ハツユキカズラ、ブンゲンス・モンゴメリー
維持管理	灌水方法と頻度	液肥混入型自動灌水システム（点滴式）
	清掃などの頻度	手取り除草を年3回
	剪定の頻度	年2回
	その他の管理	液肥を年5回

とにより、低コストで初期完成度の高い壁面緑化が行われています（オープン時点での緑被率80％以上）。基盤造成型は土壌を充填したカセットと植物を誘引させるメッシュを組み合わせて、緑化全体が軽量化されています。

使用植物とその特長

広大な建築ファサードを彩る壁面緑化には、一年を通して緑の演出が可能な常緑性の植物（低木とつる植物）から選定しています。パネル工法では、葉が大きく存在感がある濃緑のヘデラカナリエンシス、カセット工法では、白色系斑入りのヘデラグレーシャ・黄色系斑入りのフイリビンカマジョール・淡紅色系斑入りのハツユキカズラの3つのを組み合わせ、ファサードに彩りのある空間を表現しています。

壁面下面のバルコニーには、南棟に植栽した銀葉のシンボルツリー（プンゲンス・ホプシー）と似た葉色・樹形を持ち、より小型のプンゲンス・モンゴメリーをサブシンボルツリーとして用い、南北棟のつながりを表現し、足元にアクセントを付けています。

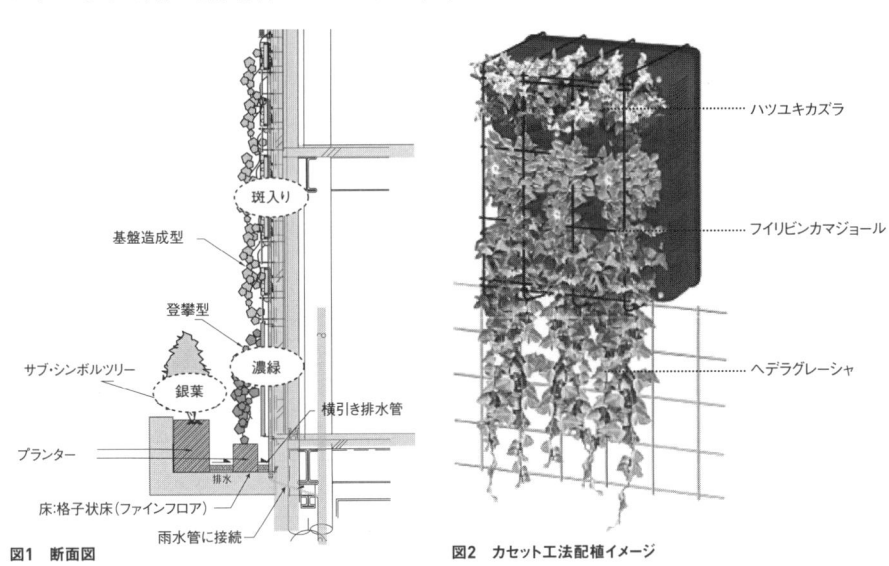

図1　断面図

図2　カセット工法配植イメージ

写真1　トレッサ横浜の壁面

Q.71 壁面緑化の事例(16)
意匠性が高く、最新技術が盛り込まれた事例を教えて。

A. 〈とくぎんトモニプラザ〉は、特殊な固化培土を使用した緑化ユニットに29種の植物を植栽した意匠性の高い事例。

軽量で保水性に優れる土壌

　〈とくぎんトモニプラザ〉は、各会議室、体育館、スポーツジムやカフェを配した公共施設で、壁面緑化を、省エネルギー化に貢献するLEDでライトアップした、ランドマーク性のある建物として県民から親しまれています。【写真1〜3】

　ここでは100℃で溶ける特殊な繊維を糊材として、これと軽量土壌を混ぜて蒸気で加熱することで固めた、特殊な固化培土が使用されています。この固化培土は軽量で、保水性・排水性に優れるとともに、50mmという薄さでも多様な植物を生育させることができます。また繊維で固めているため風雨による土壌の飛散や流出もほとんどありません【写真4】。

　培土をステンレス製のメッシュ枠に挟み込んだ緑化ユニットを、壁面に固定したC型チャンネルに設置することで緑化します【写真5】。緑化ユニットの重さは40

表1　徳島県青少年センター／建物および緑化の概要

建築概要	用途	文化・スポーツ施設
	所在地	徳島県徳島市徳島町城内
	構造	RC造地下1階／地上6階／棟屋1階、S造平屋建増設
	竣工	2010年1月
緑化概要	緑化目的	意匠(修景)
	緑化面積	約283㎡
	植栽竣工	2009年12月完成
	植栽基盤の構成	人工軽量固化培土
	緑化手法	ユニット型壁面緑化工法(ユニットサイズ56cm角)
	植物	ヤツデ、アベリア、ムラサキシキブ、オオイタビなど29種
維持管理	灌水方法と頻度	自動灌水方式(年間スケジュールタイマー付)
	清掃などの頻度	落ち葉清掃などは毎月実施
	剪定の頻度	年2回
	その他の管理	施肥は灌水を兼ねて通年施用(液肥混入器常設)

～50kg/㎡と軽量なため、建物外壁への荷重負荷も抑えられています。また緑化ユニットの配置やユニットに植栽する植物を変えることで意匠性の高い壁面緑化の実現を可能にしています。

　管理にあたっては、年間スケジュールを設定可能な灌水タイマーと液肥混合装置を組み合わせ、点滴灌水ホースにより、植物が必要とする肥料分を灌水と同時に供給するシステムになっています。

　なおこの建物は、海岸に近く吹き抜ける風が強いため、3.3kN/㎡（約337kgf/㎡）という高い耐風性能が要求されましたが、設計値に対して3倍以上の高い耐風性能を持つことが加圧試験などにより確認されています。本緑化システムは、風や地震に対しても安全・安心な緑化手法といえます。

写真1　建物全景（地域自生種をメインに、四季を通じ花や葉色を楽しめる植栽を選定）

写真2　エントランス柱の緑化（壁面に加え外柱も緑化）

写真3　緑に囲まれた軽食テイクアウトコーナー

写真4　固化培土（繊維で固められた培土）

写真5　緑化ユニット（露出した培土は気化熱による冷却効果も高い）

資料

壁面緑化関連工法・資材

壁面緑化工法

名称	特徴	メーカー連絡先
いこいの壁	多様な植物が可能なパネルタイプで特殊支持枠（MBS）による立体緑化	イビデングリーンテック 03-5847-8372
グリーン・アイ・パネル	人工軽量土壌を用いた灌水フィン付き植栽ポットに草花から低灌木まで植え付けて、多様な壁面緑化が実現（重量約60kgf/㎡）	
グリーン・アイ・フェンス	つる植物が絡みやすいように2種類の金網を立体的に組み合わせたフェンス型壁面緑化システム	
四季の壁	独自のプランター方式により、生垣のような空間を創出する壁面緑化システム（自動灌水装置付き）	共同カイテック 03-3409-2388
マジカルグリーン多用途緑化基盤工法	3つのパーツの組み合わせで壁面・傾斜屋根・陸屋根と多用途に使え大幅な低コスト化を実現	日本地工 048-283-1111
ヘデラ登ハンシステム	つる植物による早期かつ確実、省メンテナンスで永続的な壁面緑化を実現するシステム	ダイトウテクノグリーン 042-721-1703
アースウォールカーテン ウォール型壁面緑化工法	植物性の繊維系植物基盤として、ミズゴケをメッシュシートで覆い、多様な植物の混植が可能で軽量なシステム（約40kgf／㎡）	石勝エクステリア 045-912-7548
壁面緑化工法・グリーンファサード・ピクセル工法	高い意匠性と多様なデザインが実現できる取り替え容易な早期緑化工法。メンテナンス体制も充実	東邦レオ 03-5907-5500
壁面緑化工法・グリーンファサード・ユニット工法	大面積を早期に緑化可能なつる植物と誘引パネル一体型ユニット。メンテナンス体制も充実	
壁面緑化工法・グリーンファサード・モジュールS工法	リサイクル繊維基盤を金属製モジュールに充填し、高い意匠性と多様なデザインが実現できる早期緑化工法。メンテナンス体制も充実	
壁面緑化工法・グリーンファサード・モコ工法	スリムなラインをイメージしたコンテナユニットによって壁を緑化するシステム。内側表側の両面の景観を楽しめるのが特徴	
壁面緑化工法・つる自慢	プランターと壁面緑化パネルなどからなる登攀および下垂のいずれの方法も選択採用が可能なつる植物を用いた緑化システム	清水建設 03-3820-5557
壁面緑化工法・ユニット型壁面緑化システム（パラビエンタ）	熱融着培土を用いたデザイン性に優れるユニット型の緑化システム	
i-green壁面緑化システム	目隠しフェンスや生垣の代わりになる、つる植物などを用い狭小地にも施工可能なシステム	住友林業緑化 03-6832-2202

名称	特徴	メーカー連絡先
SUGIKO緑化ウォール	設置自由度が高く、デザイン性の高い壁面緑化シリーズ	杉孝 044-221-7617
グリーンウォールサポート・カネソウ緑化フェンスシステム	メインフレームをアンカー固定する自立タイプの壁面緑化システムでトレイとメッシュの組み合わせにより自由なレイアウトが可能	カネソウ 059-377-3232
ハミングポケット・膜を使った新壁面緑化システム	膜使用、軽量、施工性が良く、形状自在のうえ、ポケットに多くの土壌を確保し長期育成。触媒塗布により防汚性発揮	建築緑化システム研究会 03-5323-3204
スナゴケを用いたモスグラス壁面緑化システム	コケ植物と人工芝を一体化した新しい緑化資材。土壌不要、超軽量(2kgf／㎡)	積水樹脂 0748-58-2488
グリーススクエア壁面緑化システム	植栽付き緑化基盤をアルミフレームに組み込んだ厚さ60mm程度の壁面緑化システム	テクノウェーブ 03-3479-5796
緑のカーテン・マップ式自動調湿底面灌水栽培法	底面に水を貯め、土を一定の湿度に保ち、電気を用いず植物をセンサーとして吸水された分を給水する	マップ 03-3938-0880
軽量断熱プランター工法	断熱性があり植物の生育障害要因を軽減。要望に合わせ、色・形の加工が可能	物林 03-5200-3803
ニューモス・インティコケ植物を用いた工法	シルルプリード・インティ(立体ネット式コケ基盤)を用いた無植生表面などの緑化技術システム	モスワールド 03-5652-3161
モスブロー壁面緑化パネル	メンテナンスできない場所にメンテナンスの必要がないコケ緑化パネルで壁面緑化	モスブロー緑化工法研究会 03-3979-5200
スマートグリーンウォールシステム・ワイヤータイプ	巻きつる型、つる植物の登攀に適したハシゴ型ワイヤーの壁面緑化システム	トヨタルーフガーデン 0561-33-0757
スマートグリーンウォールシステム・カセットタイプ	早期に完成度の高い緑化を実現する壁面緑化システム	
スマートグリーンウォールシステム・パネルタイプ	幅広いつる植物による省メンテナンス型の壁面緑化システム	
bio-Wall壁面緑化工法	屋外屋内を問わず、多様な植栽デザインが可能な薄層緑化パネル工法。植栽サインとしても利用が可能	グリーバル 03-3451-5487

資料

補助資材

名称	特徴	メーカー連絡先
TU型登攀網 つる植物・果樹エスパリエのセット	あらゆる構造の壁面に簡単に設置できる設計	内山緑地建設 03-3523-1140
ツルパワーパネル [金網・ヤシ繊維マット併用補助資材]	立体金網とヤシ繊維製の登攀マットを一体化、付着型つる植物の登攀を促進	ダイトウテクノグリーン 042-721-1703
ツルパワーワイヤー	ハシゴ状のワイヤーにより、巻きつる型つる植物の登攀を促進	
ツルパワーガード [つる伸長防止板]	返し付きの金属板により、つるの伸長をコントロールして剪定管理を省力化	
ツルパワープランター [連結型プランター]	植物の永続性のため、連続的な植栽基盤を確保する連結式大型プランター(SUSメッシュまたはFRP)	
ツルキャッチャー [下垂用補助資材]	風で動揺するつる植物をキャッチし、安定させることでつる植物の下垂を促進	
ツルサポートテープ [つる植物誘引・結束材]	手で圧着するだけの簡単施工で植物にやさしい素材	
グリーンキープパネル [立体金網]	溶接金網を立体化した金網パネル。網目130×142.5mm、高さ30〜100mm	小岩金網 03-5828-8878
厚層金網立体金網 [立体金網]	ひし形金網を立体的に編み上げた金網。網目50・75mm、高さ30・50mm	
ウェーブラス立体金網 [立体金網]	厚層金網にウェーブを付け編み上げた金網。網目50mm、高さ10〜30mm	
SUGIKO緑化ウォール・SR-フリー	植物成長前であってもデザイン性が高く、植物特性を考慮したシステム	杉孝 044-221-7617
ワイヤー資材	ワイヤー、ワイヤー留め具各種	浅野金属工業 0256-33-0101
ワイヤー資材	ワイヤー、ワイヤー留め具各種、灌水装置組み込み型フレーム	アルティマ 03-5608-6838

植栽基盤

名称	特徴	メーカー連絡先
ウォーターバンク感温性貯水給水マット	水の浸透性・形状安定性がよいウレタンフォームに感温性樹脂を分散させた機能性マット	興人 03-3242-3022
ツルパワーソイル [つる植物専用培土]	保水性・保肥性・通気性に優れ、つる植物の生育に適した配合の有機質系軽量人工土壌	ダイトウテクノグリーン 042-721-1703

壁面緑化用植物

名称	特徴	メーカー連絡先
登攀・下垂用つる植物、エスパリエ用実なり植物	壁面緑化用として、広範囲の植物	内山緑地建設 03-3523-1140
登攀・下垂用つる植物、エスパリエ用実なり植物	壁面緑化用として、広範囲の植物	グンゼグリーン 048-290-6090
登攀・下垂用つる植物、エスパリエ用実なり植物	壁面緑化用として、広範囲の植物	住友林業緑化 03-6832-2202
登攀・下垂用つる植物、エスパリエ用実なり植物	壁面緑化用として、広範囲の植物	富士植木 03-3265-6736
長尺つる植物	1.5～4.0m各種	農事組合法人 成田ナーセリー 0476-93-0058

資料

主な参考図書・文献

- 輿水肇『建築空間の緑化手法』(彰国社、1985)
- 亀山章『最先端の緑化技術』(ソフトサイエンス社、1989)
- (財)都市緑化技術開発機構・特殊緑化共同研究会『新・緑空間デザイン普及マニュアル（特殊空間緑化シリーズ1）』(誠文堂新光社、1995)
- 中島宏、五十嵐誠、近藤三雄『緑空間の計画と設計』((財)経済調査会、1995)
- (財)都市緑化技術開発機構・特殊緑化共同研究会『新・緑空間デザイン技術マニュアル（特殊空間緑化シリーズ2）』(誠文堂新光社、1996)
- (財)都市緑化技術開発機構・特殊緑化共同研究会『新・緑空間デザイン植物マニュアル（特殊空間緑化シリーズ2）』(誠文堂新光社、1996)
- 近藤三雄『つる植物による環境緑化デザイン』(ソフトサイエンス社、1997)
- 建築思潮研究所『[建築設計資料]85屋上緑化・壁面緑化──環境共生への道』(建築資料研究社、2002)
- 近藤三雄、(財)都市緑化技術開発機構『都市緑化技術集』(環境コミュニケーションズ、2003)
- (財)都市緑化技術開発機構・特殊緑化共同研究会『新・緑空間デザイン設計・施工マニュアル（特殊空間緑化シリーズ4）』(誠文堂新光社、2004)
- 下村孝、梅干野晁、輿水肇『立体緑化による環境共生──その方法・技術から実施事例まで』(ソフトサイエンス社、2005)
- 建物緑化編集委員会『屋上・建物緑化辞典』(産業調査会、2005)
- (財)都市緑化技術開発機構『屋上・壁面・特殊緑化技術コンクール作品集』((財)都市緑化技術開発機構、2005)
- (財)都市緑化技術開発機構『バイオラング技術概要書──壁面緑化による呼吸する都市構造膜の創造』((財)都市緑化技術開発機構、2005)
- バイオラング実行委員会『呼吸する緑の壁──バイオラング』(マルモ出版、2005)
- 横浜市環境創造局環境科学研究所『やってみよう! 壁面緑化──壁面緑化マニュアル』(横浜市環境創造局環境科学研究所、2005)
- 杉孝編『壁面緑化──デザイン、施工、植物選択に関する手引き』(杉孝、2006)
- 講談社エディトリアル編『都市空間を多彩に創造する屋上緑化＆壁面緑化』(講談社、2006)
- 日経アーキテクチュア編『建築緑化入門──屋上緑化・壁面緑化・室内緑化を極める!(日経BPムック)』(日経BP社、2009)
- NPO法人屋上開発研究会 壁面緑化WG企画編集『「美しいまちをつくる」ための壁面緑化』(マルモ出版、2009)
- NPO法人緑のカーテン応援団編著『緑のカーテンの育て方・楽しみ方』(創森社、2009)
- NPO法人屋上開発研究会・開発部会WG企画・監修・編著『WHAT IS POSSIBLE IN GREEN WALLS? ──壁面緑化に何が可能か?』(マルモ出版、2011)
- (財)都市緑化技術開発機構 特殊緑化共同研究会『[新版]知っておきたい屋上緑化のQ&A』(鹿島出版会、2012)

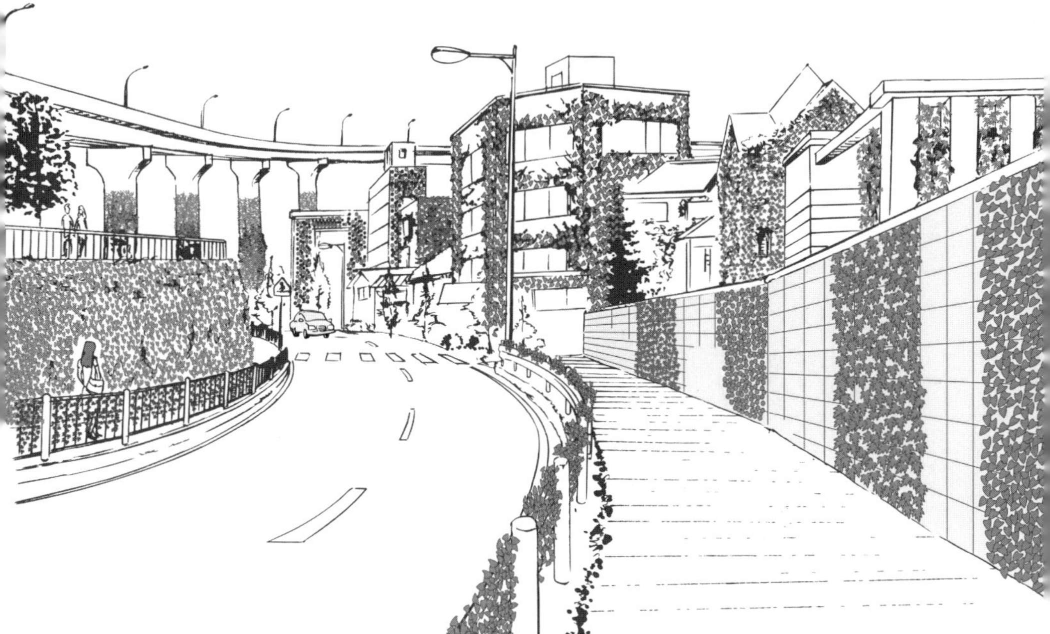

おわりに

このたび、『[新版]知っておきたい 壁面緑化のQ&A』を皆さまにお届けすることができました。

本書は、2006年の初版刊行以来、壁面緑化の計画や、設計、資材開発などに関わる専門的な方々から、学生、行政関係者をはじめとする皆さまに幅広く活用していただき、ここに新版として再度出版することができました。

私たち財団法人 都市緑化機構 特殊緑化共同研究会のメンバーは、2005年の愛知万博の大規模緑化壁「バイオラング」をはじめとして、多くの壁面緑化事例の計画・設計・施工・管理に携わってきました。また、その過程で必要となった各種の技術開発目標を達成するために、会員企業が協同して、調査研究と技術開発に努めてきました。壁面緑化は、今まさに各種の研究が進み発展しつつある分野です。それらの最新の研究成果を本書に盛り込み、新版としてお届けいたします。

本書が、同時に新版を発刊する屋上緑化のQ&Aとともに、緑豊かな都市づくりや環境共生都市（エコシティ）構築のお役に立つことを願っております。

本書の出版にあたりまして、国土交通省都市局公園緑地・景観課をはじめとした行政関係者の皆さま、一般社団法人 日本プレハブ駐車場工業会の皆さまをはじめ、多くの皆さまからのご支援をいただきました。厚く御礼を申し上げます。

また、末尾ながら、本書の出版にあたり編集全般から、校正に至るまでお世話になった鹿島出版会の皆さまに厚く御礼申し上げます。

財団法人 都市緑化機構 特殊緑化共同研究会

財団法人 都市緑化機構・事務局

輿水 肇
小川陽一
五十嵐 誠（前任）
半田 眞理子
石田 晶（前任）
菊地新一（前任）
藤田知己（前任）
今井一隆
小松尚美

財団法人 都市緑化機構 特殊緑化共同研究会・名簿
(2011.4～2012.3、新版執筆時。社名五十音順)

正会員

会社名称	氏名	ウェブサイト
ITCグリーン＆ウォーター(株)	馬詰大輔	http://www.itcgw.jp/green/green.html
(株)朝日興産	高橋清人	http://www.asahi-ko-san.co.jp/green_park.html
(株)石勝エクステリア	松村浩明	http://www.ishikatsu.co.jp/
イビデングリーンテック(株)	佐藤忠継、直木 哲	http://www.ibiden.com/ibgt/
内山緑地建設(株)	関根 武	http://www.uchiyama-net.co.jp/
共同カイテック(株)	須長陽一	http://www.ky-tec.co.jp/
小岩金網(株)	佐藤良信	http://www.koiwa.co.jp/
(株)静岡グリーンサービス	櫻井 淳	http://www.greensv.co.jp/
清水建設(株)	橘 大介	http://www.shimz.co.jp/
(株)杉孝	並河康一	http://www.hekimenryokuka.com/
住友林業緑化(株)	日下部友昭	http://www.sumirin-sfl.co.jp/
西武造園(株)	高橋尚史	http://www.seibu-la.co.jp/
ダイトウテクノグリーン(株)	牧 隆、村岡義哲	http://www.daitoutg.co.jp/
大日本プラスチックス(株)	松山眞三、細川洋志	http://www.daipla.co.jp/
田島緑化(株)	後藤良昭、石井宏美	http://www.tajima-gwave.jp/
(株)トーシンコーポレーション	杉本英樹	http://www.toshin-grc.co.jp/
トヨタルーフガーデン(株)	瀧澤哲也、鎌田由里	http://www.toyota-roofgarden.co.jp/
東邦レオ(株)	梶川昭則、前田正明	http://www.toho-leo.co.jp/
日本地工(株)	細谷俊之	http://green.chiko.co.jp/
箱根植木(株)	渡邊敬太	http://www.hakone-ueki.com/index-j.htm
(株)日比谷アメニス	武内孝純	http://www.amenis.co.jp/
(株)富士植木	大畠雅弘	http://www.fujiueki.co.jp/
(株)ランドスケープデザイン	豊田幸夫	http://www.ldc.co.jp
(有)緑花技研	藤田 茂	http://www.r-giken.co.jp
レイ・ソーラデザイン(株)	大森僚次	http://www.eco-gnw.com/
綿半インテック(株)	園原正二、秋田叔彦、柴山千穂里	http://www.watahan-intec.co.jp/green/garden/index.html

個人会員

石川嘉崇
狩谷達之
菊地新一

本書執筆者一覧

橘 大介[清水建設(株)、本書編集リーダー]……**Q.00、Q.09、Q.10、Q.16、Q.21、Q.24、Q.36、Q.46、Q.51、Q.56**

山田宏之[大阪府立大学]……**Q.01〜Q.06、Q.11**

薬師寺 圭[清水建設(株)]……**Q.07、Q.12**

藤田知己[セントラルコンサルタント(株)]……**Q.08**

今井一隆[(財)都市緑化機構]……**Q.13、Q.14**

豊田幸夫[(株)ランドスケープデザイン]……**Q.15、Q.22、Q.45**

牧 隆[ダイトウテクノグリーン(株)]……**Q.17、Q.28、Q.34、Q.35、Q.39、Q.41、Q.48、Q.54、Q.58**

馬詰大輔[ITCグリーン&ウォーター(株)]……**Q.18、Q.57**

直木 哲[イビデングリーンテック(株)]……**Q.19、Q.30、Q.31、Q.42、Q.49、Q.55、Q.67**

菊地新一……**Q.20、Q.68**

前田正明[屋上緑化マネジメントサービス]……**Q.23、Q.64**

佐藤忠継[イビデングリーンテック(株)]……**Q.25、Q.43**

小松尚美[(財)都市緑化機構]……**Q.26**

島袋 出[積水化成品工業(株)]……**Q.27**

梶川昭則[東邦レオ(株)]……**Q.29、Q.40、Q.52、Q.59、Q.60、Q.69**

藤田 茂[(有)緑花技研]……**Q.32、Q.33、Q.53**

佐藤良信[小岩金網(株)]……**Q.37、Q.38、Q.47**

並河康一[(株)杉孝]……**Q.44**

関根 武[内山緑地建設(株)]……**Q.50**

木村勝男[(株)小岩金網]……**Q.61**

澤田健二[ダイトウテクノグリーン(株)]……**Q.62、Q.63**

熊井千代治……**Q.65**

狩谷達之[(株)環境・グリーンエンジニア]……**Q.66**

瀧澤哲也[トヨタルーフガーデン(株)]……**Q.70**

藤井一徳[みのる産業(株)]……**Q.71**

[新版]
知っておきたい 壁面緑化のQ&A

2012年6月15日 第1刷発行
2013年5月30日 第2刷発行

編著者 財団法人 都市緑化機構 特殊緑化共同研究会
発行者 鹿島光一
発行所 鹿島出版会
　　　　104-0028 東京都中央区八重洲2-5-14
　　　　電話 03-6202-5200
　　　　振替 00160-2-180883

デザイン 高木達樹(しまうまデザイン)
印刷製本 三美印刷

©Organization for Landscape and Urban Green Infrastructure
2012, Printed in Japan
ISBN 978-4-306-03364-1 C3052

落丁・乱丁本はお取り替えいたします。
本書の無断複製(コピー)は著作権法上での例外を除き禁じられています。
また、代行業者等に依頼してスキャンやデジタル化することは、
たとえ個人や家庭内の利用を目的とする場合でも著作権法違反です。

本書の内容に関するご意見・ご感想は下記までお寄せ下さい。
URL: http://www.kajima-publishing.co.jp/
e-mail: info@kajima-publishing.co.jp